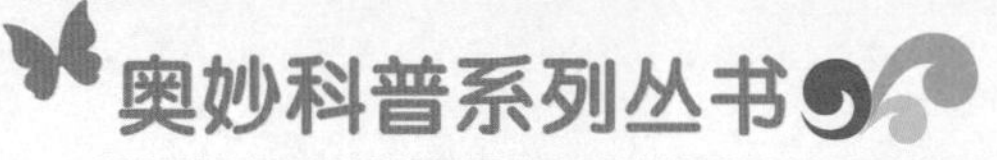

揭秘 神奇的大自然

郭伟梅◎编著

吉林出版集团股份有限公司·全国百佳图书出版单位

图书在版编目 (CIP) 数据

揭秘神奇的大自然 / 郭伟梅编著 . -- 长春：吉林出版集团股份有限公司，2013.12（2021.12 重印）
（奥妙科普系列丛书）
ISBN 978-7-5534-3926-6

Ⅰ. ①揭… Ⅱ. ①郭… Ⅲ. ①自然科学－青年读物②自然科学－少年读物 Ⅳ. ① N49
中国版本图书馆 CIP 数据核字 (2013) 第 317269 号

JIEMI SHENQI DE DAZIRAN

揭秘神奇的大自然

编　　著：郭伟梅
责任编辑：孙　婷
封面设计：晴晨工作室
版式设计：晴晨工作室
出　　版：吉林出版集团股份有限公司
发　　行：吉林出版集团青少年书刊发行有限公司
地　　址：长春市福祉大路 5788 号
邮政编码：130021
电　　话：0431-81629800
印　　刷：永清县晔盛亚胶印有限公司
版　　次：2014 年 3 月第 1 版
印　　次：2021 年 12 月第 5 次印刷
开　　本：710mm × 1000mm　1/16
印　　张：12
字　　数：176 千字
书　　号：ISBN 978-7-5534-3926-6
定　　价：45.00 元

前言

古往今来，美丽而又神秘的大自然有着无数令人费解、林林总总的神秘现象，无论是植物界还是动物界，亦或是海洋湖泊、河流山川，到处充满了不为人知的秘密。于是，大自然赋予了我们神奇的头脑，以探索它本身的奥秘…… 人类的可贵之处，在于不断探索，不断向前。在人类不懈的努力下，有关大自然的一些奇闻趣事已经被成功地破解出来了，但还有更多的秘密在等待人们去破解。

青少年的好奇心最强，求知欲正盛，本书从猎奇的角度出发，在大量大自然的趣事中，精心挑选一些有关的资料，汇编了这本与大自然息息相关的奇闻趣事的科普书，以帮助青少年开阔视野、增长知识。

CONTENTS

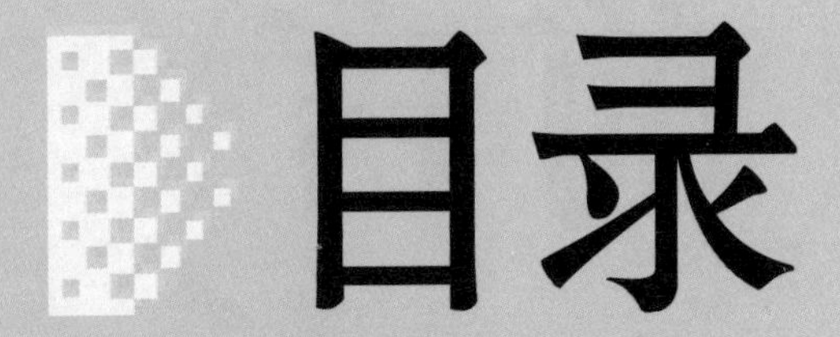

目录

第一章 动物的超凡本领

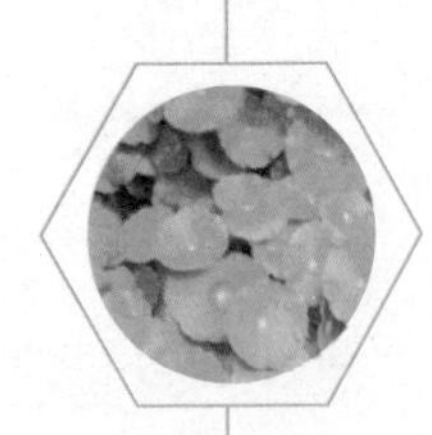

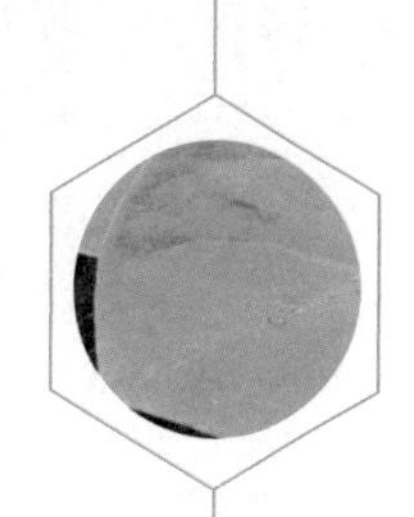

第二章 神奇的自然景观

CONTENTS

目录

第四章 神奇的海洋世界

CONTENTS

目录

第五章 跟着动物学本事

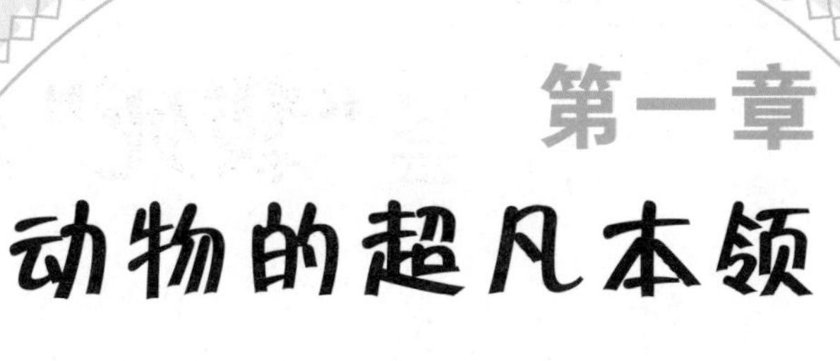

第一章 动物的超凡本领

在奇妙的动物王国里，上演着千姿百态、妙趣横生的故事。许多动物为了猎取食物，为了能在险象环生的自然界里生存下去，为了躲避敌人，为了繁衍后代……“练就”了超凡的本领，动物这些本领是在自然界里经过很多年生存竞争逐渐练成的。例如负鼠在遇到危险的时候会突然“死去”，任凭敌人怎么触及都毫无知觉；不怕冷的北极熊，披着厚重的外衣孤独地流浪在北极的冰原上……青少年朋友们，让我们走入这个奇妙的动物王国，揭开这些动物超凡本领背后的秘密吧！

Part1 第一章

会"装死"的负鼠

在自然界中，有一种动物最擅长"装死"了，它"装死"的本领可以说到了出神入化的境界，这种动物就是负鼠，让我们认识一下它吧！

负鼠生长在美国的弗吉尼亚，它长得跟家猫有些相似，不过没有家猫动作敏捷，当它遇到危险的时候，通常情况下会爬上树去避难，可是如果遇到特殊情况，脱不开身的时候，它就会施展出一种特殊的本领——"装死"。负鼠在临死前会做出非常痛苦的表情，然后慢慢倒地"死去"，这时候无论捕食者触摸哪个部位，它都纹丝不动，直到敌人走远之后，负鼠才会慢慢从地上爬起来。

你们知道负鼠装死的秘密吗？是骗术还是被捕猎者吓休克了呢？为了解开这些谜团，科学家们对负鼠运用电生理学进行了详细的研究。经研究得知，负鼠在装死状态的时候，大脑一直都很活跃，甚至比平时活动更加频繁。负鼠为什么会"装死"呢？肯定是因为它们知道捕猎者喜欢吃新鲜的肉食，可是如果动物死后，身体就腐烂，肉质就不新鲜了，捕猎者在确定猎物死亡后就会离去，于是负鼠就可以存活下来，正是凭着这种本领负鼠才可以在险象环生的大自然中安然生存七千万年之久。但是负鼠

装死的负鼠

知识小链接

负鼠在将要被捕猎者抓到的时候，会突然倒地，然后张大嘴巴，伸出舌头，闭上双眼，一条长长的尾巴停顿上下颚之间，呼吸和心跳骤然停止，身体还会出现抽搐，整个表情出现异常痛苦的样子，这时候捕猎者会被负鼠恐怖的样子吓到。如果这一招对捕猎者没有效果，负鼠从肛门中还会排放出奇臭无比的气体，捕猎者会对负鼠的死深信不疑而离去。

并不是每一次都那么幸运的，如果是在公路上遇到汽车使用这一招，肯定会被车轮碾得血肉模糊的。

除了“装死”的本领，负鼠对付敌人还有一个鲜为人知的本领呢！负鼠是一个“夜行侠”，它们喜欢在晚上行动捕食，负鼠的主要食物除了一些昆虫和蜗牛等小型的动物外，在找不到食物的时候还经常会吃一些植物充饥。

你们知道吗？在动物界中，负鼠还被人们冠以“刹车手”的美称，这是因为负鼠在遭到捕猎者追捕的时候，在疾驰中会突然停下，捕猎者通常会被负鼠的这个动作唬住愣住不动，然后负鼠会再次飞跑起来，为逃跑争取了时间。等到捕猎者反应过来的时候，负鼠已经逃之夭夭了。

淘气的负鼠

Part1 第一章

“傻狍子”真的傻吗?

人们通常把喜欢较真的人都称为“傻狍子”，你们知道这个称谓是怎么来的吗？现实中的狍子真的傻吗？

狍子是一种生活在东北林区的野生动物，其实狍子不但不傻，而且特别喜欢动脑筋，它们像小孩子一样遇到什么事情都觉得新鲜，喜欢探个究竟。在平时无论是遇到人还是遇到车都要停下脚步盯着看半天，特别是在晚上，很多在公路上行驶的汽车司机会看到顺着车灯的方向有个黑影也在奔跑，它全然不顾会被车子碾死的危险，这就是狍子。对于狍子的种种行为，人们亲切地把它们称为“傻狍子”，这个称谓后来也被人们用来形容一根筋的人。

狍子

奔跑的狍子

狍子的“傻气”在险象环生的自然界中是个致

知识小链接

由于狍子的皮毛很值钱，肉质很鲜美，因此狍子成为人们捕猎的对象。由于人们长期的捕杀，自然界中的野生狍子数量急剧下降。为了给它们一个安稳的家，目前狍子已经被列为国家保护动物，那些贪婪的人如果再伤害狍子将会受到惩罚。青少年朋友，让我们共同携手，去保护这些可爱的“傻狍子”吧！

命的弱点，它们仿佛一个个不谙世事的婴儿。在遇到敌人追击的时候，它们不会像其他动物一样逃之夭夭，而是跑跑停停，不时地观察一下捕猎者距离自己还有多远，完全不顾自身的危险，因此狍子常常因为自己的傻气而丢了生命。狍子是不是傻得可爱啊？

不过根据科学家们研究发现，其实狍子并不是真的反应迟钝，和其他偶蹄目鹿科食草动物一样，狍子的听觉、视觉以及嗅觉都特别灵敏。另外，在自然界，狍子还是相当有名的“长跑健将”呢！它平时傻乎乎的行为是因为天生好奇的性格造成的。

■ Part1 第一章

森林里的“扑火英雄”

大家都知道，犀牛是自然界中很庞大的动物，可是你们知道吗？它还有一个称谓——草原消防员，大家想知道犀牛是怎么扑火的吗？

❖ 犀牛

在自然界中犀牛的体形是相当庞大的，它们的体长在2~4米不等，最小的体重有1000千克以上，最大的犀牛体重可达到3600多千克。根据研究发现，犀牛家族史可以追溯到5600万年以前。目前世界上的犀牛大约可以分为五种，分别是黑犀牛、白犀牛、印度犀牛、苏门答腊犀牛和爪哇犀牛，其中黑犀牛已经灭绝，爪哇犀牛也濒临绝灭。别看犀牛体型笨拙，可是它们有一个特别有趣的特性，就是看到火苗就会奋不顾身地扑上去，直到把火扑灭，因此人们亲切地把犀牛称为“草原消防员”！

犀牛虽然彪悍，可是你们不要怕，它们可是很善良的“彪形大汉”！犀牛的身体因为庞大，所以行动起来显得特别笨拙，它们的四肢仿佛四根又短又粗壮

❖ 犀牛

知识小链接

犀牛的皮肤不但特别坚硬而且很松弛，造成皮下的脂肪发达，生出许多的褶皱，长年累月滋生了许多的寄生虫。在动物世界里我们常常看到这样的镜头，犀牛在特别脏的泥水里打滚，其实这是犀牛在驱赶寄生虫呢！有一种特别有趣的犀牛鸟还常常趴在犀牛的身上为它们治病呢，如果发现有寄生虫，犀牛鸟就会告知犀牛加以预防。

的柱子，最显眼的是犀牛的头特别的大，头两侧的眼睛又细又小，在犀牛的鼻子上长了一只或者两只犀牛角。据说最长的犀牛角长达160厘米，你可别小看了这犀牛角，它们可是犀牛用来抵御敌人的武器呢！根据科学家们研究发现，犀牛角有再生功能，不小心折断后还可以重新长出来。犀牛角看上去特别的锐利，可是小朋友们一定想不到吧，其实，它们是由毛发长成的。犀牛的皮毛特别厚，仿佛全身武装的铠甲一般。威风凛凛的犀牛让人不由得望而生畏，可是你们用不着害怕，因为犀牛的胆子特别小，而且它们从来不会伤害人的。它们特别懒惰，平时喜欢睡懒觉，犀牛宝宝很喜欢黏在妈妈的身边。另外，犀牛在战斗的时候特别笨拙，如果它们遇到危险时，会很莽撞地冲进敌人的队伍里，全然不顾自身的安全。

由于犀牛浑身都是宝，为了追逐利益，贪婪的人们对犀牛进行了肆意的捕杀，这些善良的犀牛正面临着被捕杀的恶劣环境，国际动物保护组织目前已经对它们进行了相应的保护。

喜欢黏在妈妈身边的小犀牛

北极熊不怕冷的秘密是什么?

在人迹罕至、终年冰雪覆盖的北极活跃着一种动物，它就是北极熊。青少年朋友，知道北极熊不怕冷的秘密是什么吗?

北极熊抵御寒冷的秘密就是身上披了一层厚厚的皮毛。与其他动物不同的是，北极熊的皮毛分为两层，上面一层不但光滑而且特别长，而下面的一层毛又短又密，能锁住空气，防止冷气侵入身体。因为有了这层保护伞，所以无论多么恶劣的天气北极熊都能活动自如，不受影响。

你们知道吗？北极熊在自然界可是很厉害的“游泳健将”！这是因为北极熊的身体特别适合游泳，北极熊的熊掌又宽又大，在游泳的时候两只前掌奋力划行，而两只后腿不停摆动掌握着方向。通常情况下，北极熊可以在水里连续游泳四五十千米。

北极熊

在这片白雪茫茫的冰雪地带，北极熊俨然成了这里的主宰，北极熊最喜欢吃的动物是海豹，笨拙的北极熊一旦遇上海豹，便会一反常态，它们先是悄悄潜入水中靠近目标，然后突

知识小链接

根据科学家们预测，随着生活环境的恶化，北极熊在找不到食物的时候也许会吃垃圾。在加拿大的一些地区经常有人发现北极熊在垃圾箱里找东西吃。还有人看到饥饿的北极熊甚至捕猎自己的同类。

然用手掌残忍地将海豹的头骨砸碎，接着再上前去享用美餐。北极熊在捕食海豹的时候会表现出特别好的耐力，它们常常会在海豹出没的冰洞前潜伏好几个小时，也会在海豹用来换气的冰洞上蹲守，直到目标出现便会猛扑过去。不过北极熊也不是每天都会有那么好的运气有新鲜的海豹肉吃，有时候北极熊为了寻找食物需要走上七八千米的路程。北极熊最难过的日子是每年的冬天，海水结了厚厚的一层冰，为了生存，北极熊便会向南迁移，在第二年冰雪消融的时候再回来。

熊宝宝会在每年的初冬季节出生，于是熊妈妈在每年的初冬时安顿下来，在雪地里做一个温暖的巢穴等待熊宝宝的降临。熊妈妈每次可以生下两三只熊宝宝，由于常年吃新鲜的鱼肉，熊妈妈的乳汁营养价值很高，蕴含丰富的脂肪，出生后的熊宝宝吃着妈妈的乳汁生长得特别快，在三四个月以后便会断奶，跟着妈妈一起出来活动。熊宝宝会跟随妈妈一起生活两年，这两年期间，它们要向妈妈学习各种本领，两岁的熊宝宝就要独自生活了，它们会离开妈妈，独自出去闯荡。北极熊喜欢独自行动，它们仿佛幽灵一般在这个白

雪茫茫的冰雪世界穿梭徘徊。

捕鱼的北极熊

北极熊因为平日里大量食用鱼类，因此也消化了很多的维生素A，这些物质常年累积在北极熊的肝脏里，导致很多人食用北极熊的肝脏后发生食物中毒。

北极熊虽然喜欢吃新鲜的鱼肉，可是在找不到食物的时候它们也会吃一些搁浅在岸边的腐烂的鲸鱼肉，另外它们也会吃一些浆果和树根充饥。

擅长"画地为牢"的貂熊

在自然界中，有一种特别凶猛的动物，它长得既像熊又像貂，因此人们把它们叫作貂熊。青少年朋友，你们对貂熊了解多少？

貂熊还有个别称——月熊。这是因为貂熊的身体两侧各有一条长长的棕黄色的色带，从肩部一直延伸到尾部，形状特别像是月牙。貂熊的体形不算太大，最大的貂熊身长也不过一米，体重在十多千克左右，貂熊的尾巴很长，有十七八厘米，尾巴的毛很蓬松。貂熊的头很大，但耳朵却特别小，看上去很可爱的样子。貂熊的背部有些弯曲，看上去有些笨拙，四肢虽然短

貂熊

知识小链接

貂熊的皮毛特别珍贵。貂熊的皮毛被因纽特人视若珍宝，这主要是因为貂熊的皮毛无论在气温怎么严寒的情况下都能保持柔软和干松，因此受到了在北极高寒地区户外活动人群的追捧。在利益的驱使下，人们对貂熊展开了大肆的捕杀。

但很健壮，貂熊的爪子又弯又长，不能来回伸缩。

貂熊机敏过人，平时喜欢生活在繁茂的森林地带，它们特别擅长奔跑，而且奔跑速度特别快，平均时速可达到 20 千米以上。貂熊的本领很多，由于它们身手敏捷，爬树的本领特别高，平时它们喜欢潜伏在树上等待猎物的出现，一旦目标出现，它们会如离弦的箭一般从高高的树上一冲而下，直接扑向目标，因此貂熊又得了一个“飞熊”的美誉。

❖ 貂熊

你们可不要被貂熊娇小的外形蒙蔽！在众多的小型肉食动物中，貂熊是最残忍的一种。它们的力气很大，可以毫不费力地擒获比自己大出好多倍的动物，甚至大型的驼鹿都不是它们的对手。如果遇到凶猛的敌人，貂熊也毫不示弱，它们可以一口气追出三四十千米，在自然界中，很少有动物能和它们比体能。在找不到食物的时候，貂熊也常常以动物腐烂的尸体、鸟类以及松子、菌类、浆果充饥。在自然界中，貂熊的生存环境很恶劣，除了常年

❖ 貂熊

❖ 貂熊

追捕它们的人类外，它们还是东北虎、远东豹、棕熊以及美洲狮等大型肉食动物捕食的目标。

貂熊在自然界中生存的环境是多么的恶劣。可是它们是怎么化解这些危险的呢？根据科学家们研究发现，貂熊有一个独门绝技——“画地为牢”。貂熊的身上可以分泌出一种奇臭的液体，当它们在遇到危险的时候，便会在地上喷射一圈这样的液体，捕猎者在闻了这种液体之后便会昏昏入睡。科学家们对这种液体做了进一步的研究，发现这些液体可以麻痹神经。另外，貂熊还特别狡猾，它们常常偷吃猎人的猎物呢！

■ Part1 第一章

猞猁和猫的亲密关系

猫是大家日常常见的动物，可是你们知道猫的祖先是谁吗？

❖ 猞猁

有一种动物长得很像猫，可是对于它的出身动物学家一直争执不下，它就是猞猁。猞猁是猫吗？这要源于一个美丽的传说，据说在很早以前，有一个神秘的动物先后生下五个孩子，分别是狮子、老虎、豹子、猞猁以及山猫。后来经过千百万年的演变，这些动物的外貌也发生了很大的改变，于是就变成了今天的这些品种。当然传说毕竟是传说，目前猞猁是不是猫的问题还没有确凿的证据证明，学术界至今也是争执不休。下面让我们认识一下这种似猫非猫的小动物吧！

❖ 猞猁

猞猁又被人们称为猞猁狲或者马猞猁，它们最喜欢的生存环境是枝叶繁茂的丛林地带，猞猁喜欢独来独往的生活，不喜欢群居，行动很诡异，像幽灵一样神秘。它们有着和其他猫科动物一样的特征——就是擅长

知识小链接

如今猞猁再也不用过提心吊胆、三餐不继的生活，可是猞猁们却不开心，因为它们没有了自由。如果你们失去自由会快乐吗？让我们一起来呼吁全社会，让这些可爱的小家伙回归自然，重新还给它们自由吧！

攀爬，无论是悬崖峭壁还是参天大树猞猁都能轻松自如地活动。在动物界猞猁还有一个“全能冠军”的称号呢！

你们知道吗？猞猁特别懒惰，它们可以不吃不喝连续睡好几天，通常情况下猞猁在白天睡觉，每天的清晨或者黄昏出来寻觅食物。猞猁的视力和听力都特别发达，即使是在伸手不见五指的黑夜里，在林间活动的一些鼠类、兔子等小动物也难以逃脱猞猁的法眼。猞猁还有很强的抗寒冷能力，因此猞猁的适应性很强，它们可以随遇而安，在自然界分布也很广泛，从亚寒带针叶林、寒温带针阔混交林至高寒草甸、高寒草原、高寒灌丛草原及高寒荒漠与半荒漠等各种环境均可生存。

猞猁虽然身材娇小，可是它们平时却喜欢捕杀一些中大型的野兽，比如身形大出它们很多的狍子等。猞猁如何才能在危机四伏的自然界中生存呢？这主要是因为猞猁狡猾而又谨慎的性情，每当遇到敌人的时候猞猁就会一反平时懒洋洋的状态，迅速地蹿到树上隐蔽起来，如果来不及逃走，就干脆躺在地上装死。在自然界中，猞猁的天敌有很多，比如老虎、豹子、雪豹等动物。相比而言，猞猁最可怕的敌人是狼群，因为狼群数目特别多，猞猁根本没有机会逃脱，通常情况下猞猁遇到狼群的结局就是被狼群团团围住，最终变成了狼群的美餐。青少年朋友，自然界弱肉强食是不是很残忍啊？不过，你们不用担心，猞猁是不吃人的，因为猞猁只有在遭到人们攻击的时候才会反击的。

因为猞猁长相好看，所以遭到人们大肆捕捉，被捕捉的猞猁会被人们当作宠物饲养，可是面对这种安逸的生活，猞猁肯定不会快乐的。也许在危机四伏的自然界中，猞猁想要生存就要应付来自四面八方的危险，但是那种生活是自由的，猞猁可以自由自在地在自己的乐园里随心所欲地生活，因此自然界里的猞猁才是真正快乐的。

Part1 第一章

“爱梳头”的狒狒

说起猴子大家可能会想起《西游记》里那个本领高强的猴哥，今天我们要说的狒狒是猴子的近亲，不过它长得可没有猴哥可爱哦！

长头发的狒狒

狒狒是一只什么样的动物呢？狒狒生活在东非大峡谷中，虽然狒狒与黑长尾猴都是同门本科的兄弟，不过它们的长相有很大的差别。另外狒狒的性情没有黑长尾猴那么调皮可爱，狒狒生性暴躁，英勇好斗。大家都知道狮子是“草原之王”，威风凛凛，无人敢惹。可是狒狒却偏偏不服，它们经常三五只组成一个团体向狮子发出挑战！因此狒狒在自然界中赢得了一个美誉——勇敢的小战士。

大家经常看到电视剧里古代的王子们为了争夺皇位自相残杀的镜头吧！你们知道吗？在野生的狒狒群里也会上演这样的镜头，狒狒们为了争夺王位经常会发生杀戮，最终的结果是分庭抗争或者改朝换代，强者最终取代弱者也是历朝历代斗争必然的结果。根据科学家们研究发现，狒狒群虽然庞大，不过组织纪律性相当严明，它们有着一套完整的赏罚制度。

当然，狒狒的大家族也不是每天都硝烟密布的，在新的狒狒王产生后的一段时间里，狒狒们会过着安稳的日子，这个时候它们繁衍会很快，狒狒群也会不断壮大。狒狒之间相互表示友好的行为就是为对方梳头。为了笼络民心，狒狒王会给一些臣子梳头，看到大王这么器重自己，狒狒们心里当然特别高兴了，于是它们纷纷争着给大王梳头。如此狒狒大王的目的就达到了，君臣之间的关系自然也融洽了。通常情况下，如果有一大群的狒狒聚集在一起，头发最光滑的就是大王了。

知识小链接

这么庞大的狒狒家族平日是怎么生活的？为了方便寻找食物，白天的时候狒狒群会平均分为几个小组，在觅食的路上每一组都有专门的狒狒负责领路，狒狒妈妈和宝宝在队伍的中间，两边分别有年轻力壮的狒狒警戒。另外狒狒群里还有尊老爱幼的传统呢！每当有狒狒妈妈产下宝宝，其他的狒狒便会赶来表示祝贺，这也许是狒狒群里一种表达感情的方式吧！

狒狒家族是所有的猴类家族之中数目最大的团体，最大的狒狒家族大约由五百只狒狒组成，夜晚的时候这支庞大的队伍寄宿在陡峭的悬崖上。狒狒家族成员们有很明确的分工，夜晚有专门的警卫值班，如果遇到有敌人袭击，大王就会率领群里年轻力壮的雄性狒狒迎战，然后通知群里的狒狒妈妈和狒狒宝宝迅速撤离危险地带。

Part1 第一章

“沉冤得雪”的果子狸

提起2003年的那一场“非典”，很多人至今仍是心有余悸，“非典”对于人们来说就是一场浩劫，可是果子狸真的是这场浩劫的罪魁祸首吗？

知识小链接

“非典”的罪魁祸首真的是果子狸吗？经过医学专家们多年的潜心研究，结果证明其实果子狸与非典并没有多大的关系，非典的真正的罪魁祸首其实是蝙蝠。果子狸也是非典病毒的受害者，研究结论得出后，在2013年3月份中央电视台新闻频道报道了这个结论。至此，含冤十年的果子狸终于沉冤得雪。你们是不是觉得那些死去的果子狸很冤枉啊！

果子狸有好多别名，分别是花面狸、白鼻狗、白面、花面棕榈猫等，果子狸平时喜欢生活在森林、灌木丛、岩洞或者一些土穴之中，它们白天喜欢睡觉，在每个晨曦或者晚间出来觅食，果子狸攀爬的功夫很厉害。果子狸属于杂食动物，它们不怎么挑食，老鼠、昆虫、青蛙以及鸟类，遇到什么它们就吃什么，不过果子狸最喜欢吃的还是一些有甘甜汁水的果类，因此它们常常到附近村民的果园中偷果子吃。

果子狸

果子狸浑身都是宝贝。果子狸的肉被人们当作滋补身体最好的营养品，并且被人们誉为“山珍之首”呢！果子狸的皮毛可

果子狸

以制作成雍容华贵的裘皮大衣，历年来果子狸的皮毛都是我国对外贸易的主要项目。果子狸的毛可以制作成高档的毛笔和画笔。另外，果子狸的脂肪更是珍品，不但是生产高级化妆品的重要原料而且在医学领域还有重要的价值，据说果子狸的脂肪可以很好地医治烫伤而且不留疤痕呢！

可是，自从非典以后果子狸如过街老鼠一般。因为在医学界里很多医学专家认为果子狸是导致“非典”的罪魁祸首，在研究中发现人们食用果子狸可以感染急性呼吸道疾病。

2003年5月，我国科研人员在对果子狸标本的检查中发现了冠状病毒。后来在研究中发现“非典”就是来自这种冠状病毒。2004年，香港和广东专家通过研究发现，南方市场上出售的果子狸体内的非典冠状病毒和一名“非典”患者体内的病毒片断基本吻合，这更进一步确定了果子狸就是导致“非典”的罪魁祸首。为了切断病原体，人们对果子狸进行了大规模的捕杀行动，严重破坏了生态平衡，这一举动遭到了许多动物保护人士的反对。

果子狸

蜘蛛猴的尾巴有什么秘密？

大家都听说过猴子捞月的故事吧？故事里那群聪明伶俐的猴子为了“捞”水里的月亮，一只牵着另一只的尾巴，连成一长串倒挂在树上去水里捞月亮。今天要讲的也是一群长尾巴的猴子——黑蜘蛛猴。

知识小链接

蜘蛛猴在跳跃中也会出现一些意外，有时候它们攀援的一些树枝会突然被折断，不过大家不要担心，蜘蛛猴这时候会像一个杂技演员一般，从容不迫，不慌不忙，在瞬间就会找到另外一棵攀援的树枝化险为夷。蜘蛛猴这种攀援本领在所有的灵长类动物中是首屈一指的。

黑蜘蛛猴的尾巴还有一个称呼，就是“第五只手”，知道这个称呼是怎么来的吗？这群生活在南美洲热带森林里的可爱的黑蜘蛛猴，身材娇小，身轻如燕，行动特别的敏捷。它们的身高最高也不足60厘米，小的大约在30~40厘米，体重在6~9千克，不过也有个别的黑蜘蛛猴体重可达到13千克，这个体重是南美洲所有的猴子之中最重的。蜘蛛猴浑身的毛发是棕黑色的，虽然又短又稀疏，不过看上去很有光泽。蜘蛛猴的腹部是棕黄色的，四肢和尾巴的颜色是黑色的。你们知道吗？蜘蛛猴还被人称为朱颜蜘蛛猴或者赤面蛛猴，那是因为蜘蛛猴的头又圆又小，圆圆的脸上镶嵌着一个又扁又平的鼻子，黝黑的脸上分布着一些粉红色的斑纹，看上去很滑稽，因此而得名。蜘蛛猴整个身体和四肢又细又长，手指和脚趾仿佛艺术家一般，

黑蜘蛛猴

特别修长而且特别绵软。蜘蛛猴的性格特别顽皮，它们常常喜欢将身体倒悬在高高的树枝上玩耍，从远处看，悬挂在树梢上的蜘蛛猴好像一只巨大的蜘蛛在拉丝织网，这也是蜘蛛猴名字的来源。蜘蛛猴最显著的特点就是尾巴特别长，比身高还要长出许多，大约在63~92厘米，而且很细，特别灵活。

和其他的猴子一样，蜘蛛猴也是在树上睡觉，不过它们睡觉的样子特别有趣，把长长的尾巴紧紧地缠绕在树枝上，然后整个身体倒挂着睡觉，无论睡得多沉，尾巴也不会松开树干。另外，蜘蛛猴的尾巴还有一个用途，那就是捡东西。蜘蛛猴的尾巴捡东西可以像手一般灵巧，那是因为蜘蛛猴的尾巴顶端有大约20厘米光秃秃的，看上去有一条皱褶，它的作用是活动起来增加摩擦力。蜘蛛猴尾巴捡东西的本领是其他猴类无法相提并论的。因此，人们亲切地把蜘蛛猴的尾巴称作“第五只手”。

蜘蛛猴的轻功特别厉害，它可以轻松自如地在高耸入云、参差交错的密林中穿梭自如。另外，它们的跳跃能力也特别强，即便是十多米的距离轻轻一跃就能跳过去。

吼猴的看家本领是什么?

在武侠片里小朋友看过这样一种功夫——狮子吼，就是一声大吼就能把对方震成内伤，其实这种功夫一点也不夸张。在自然界里有一种猴子就会这种功夫，想知道是谁吗?

在拉丁美洲生活着这样一群美丽而可爱的灵长类动物，它们的身长只有90厘米，可是尾巴比身长还要长出很多，大约有一米多。它们全身布满了浓密的褐红色的毛发，最神奇的是这种猴子全身的毛色可以随着太阳光照射角度的不同而变幻出不同的颜色，从金绿色到紫红色，十分耀目，这种神奇的猴子就是吼猴。

唱歌的吼猴

和其他猴子不同的是，吼猴是素食爱好者，林子里的树叶以及果实等都是吼猴的食物。和调皮的孩子一样，吼猴吃饭的时候很顽皮，从来不会好好坐下来，而是吃吃停停。通常情况下，吼猴一顿饭要吃好几个小时呢！吼猴吃东西的样子特别可爱，它们用尾巴把整个身体吊在树上荡来荡去，瞅准目标直接荡过去用嘴啃；或者用长长的尾巴去采摘食物。吼猴辨别食物的能力特别强，森林里很多植物都是有毒素的，吼猴在寻找食物的时候总是挑一些叶柄、嫩叶和成熟了的果实吃，因为这些部分纵然有毒，毒性也很轻微。通

知识小链接

"吼叫"是吼猴的看家本领。科学家们研究发现，吼猴们的舌骨特别发达，在吼叫的时候会形成一种特殊的回音效果。吼猴在遇到危险情况的时候，为了保护家人、保护家园它们使出这种看家本领——吼叫。如果几只或者十几只吼猴子聚集在一起吼叫，那么整个森林会笼罩在恐怖之中，据说这种声音可以响彻五六千米之外，不过吼猴吼叫的内容科学家们至今还没有解开。

常情况下，吼猴的吃喝拉撒睡都是在树上，没有什么特殊的情况，它们不会爬下树，有时候口渴了，它们会喝一些树叶上的露水解渴。

根据科学家们研究发现，目前美洲森里的吼猴有五六种，分别是红吼猴、熊吼猴、披肩吼猴等。吼猴们对自己家族的人团结友爱，尊老爱幼，为了保卫自己的家园，在自己的领地外面会有两只吼猴负责警戒，一旦有异族踏入自己的领地，吼猴们便会发出警告或者兵戎相见。

“相貌古怪”的鸭嘴兽

在自然界里有一种奇怪的动物，它长得特别怪异，有人说它是最原始的哺乳动物，它就是鸭嘴兽，让我们认识一下吧！

鸭嘴兽的分布范围很小，仅仅分布在澳大利亚东部以及南澳大利亚，另外有人在塔斯马尼亚岛屿也发现了鸭嘴兽生活的足迹。首先发现鸭嘴兽的人是进入澳大利亚的英国移民，鸭嘴兽的出现让人特别惊讶，人们都被这些长相奇异的怪东西惊呆了。因为它们有着和鸭子一样的嘴巴和牙齿，前后肢有蹼和爪。这些小家伙大约有 40 厘米长，全身布满柔软的褐色的羽毛，头颅特别小，四肢短小，五趾连在一起有着尖锐的钩爪，走起路来一摇一摆的，特别像鸭子。鸭嘴兽的嘴酷似鸭子嘴，嘴内虽然有比较宽的角质牙龈不过没有牙齿，尾巴很大，大约占身长的四分之一，主要的作用是在游泳的时候用来掌握方向。

鸭嘴兽

知识小链接

鸭嘴兽越来越受到当地人们的喜爱。由于鸭嘴兽的皮毛特别值钱，人们为了追逐利益对这些可爱的小精灵展开了疯狂的捕杀，导致鸭嘴兽的数量急剧下降。目前，澳大利亚政府已经对鸭嘴兽进行了保护，这些可爱的鸭嘴兽又可以在自己的家园自由自在地生活了！

有人说鸭嘴兽是最原始的哺乳动物，可是它们的生育方式和一般的哺乳动物却不同，通常情况下，哺乳动物的生育方式

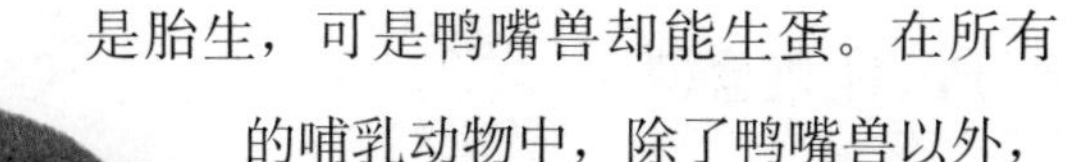

鸭嘴兽

是胎生，可是鸭嘴兽却能生蛋。在所有的哺乳动物中，除了鸭嘴兽以外，澳大利亚的针鼹也是卵生的生育方式。

鸭嘴兽对付敌人的武器是毒液，它们的后足有刺，里面储存了很多的毒汁，在遇到危险的时候，它们会出于自卫喷射出毒液，这种自卫方式和毒蛇差不多，哺乳动物中很少有动物会使用毒液自卫。青少年朋友们，你们遇到鸭嘴兽一定要离它们远一些，因为它们的毒液很厉害，如果被刺中会很痛苦的，虽然不能致命，但需要很长一段时间才能恢复。

鸭嘴兽平时喜欢生活在水中，它们的水性特别好。觅食的时候可以同时把眼、耳、鼻都闭上，仅仅用嘴巴就可以在水中捕捉一些贝类。鸭嘴兽特别能吃，每天吃的食物和自己的体重差不多。

目前，鸭嘴兽因其怪异的形象已经被澳大利亚政府作为吉祥物，鸭嘴兽在水里游泳的形象还被澳大利亚政府印在二十分的硬币上呢！

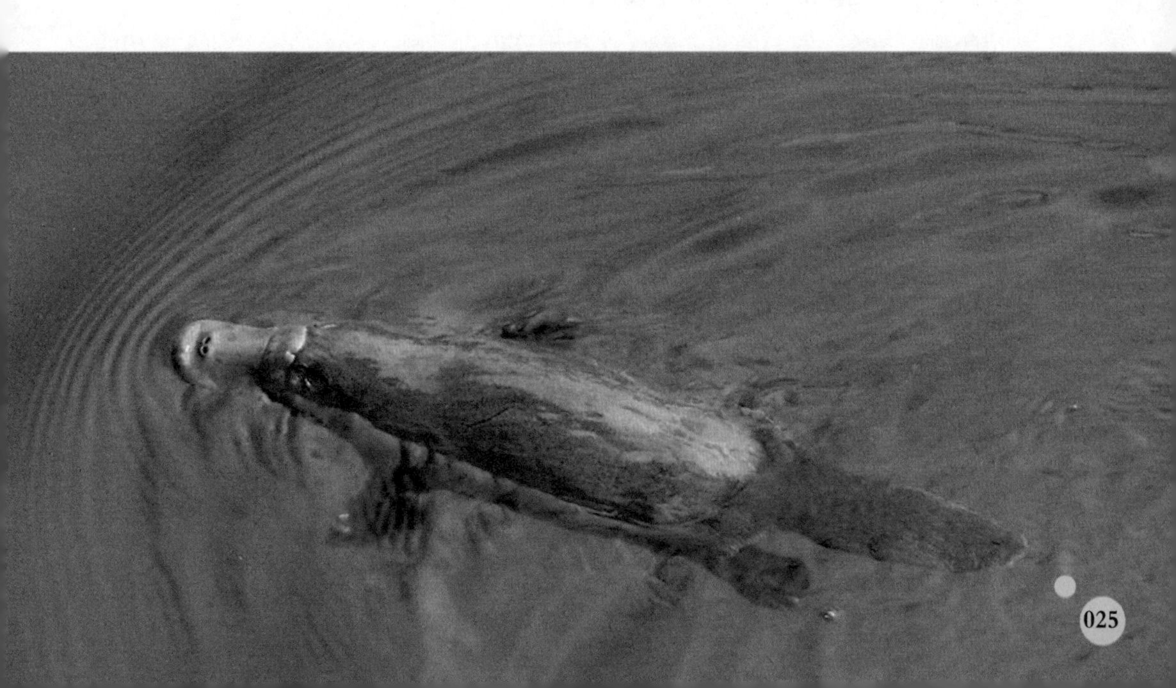

Part1 第一章

躲开，我们是草原霸主

谁是自然界中的霸主？所有人的回答肯定是狮子，可是你们知道狮子是怎么力战群雄坐上霸主的位置的吗？

在危机四伏的大自然中，狮子为什么能当上大王呢？首先是狮子威武的形象，雄狮的体重大约在 200 千克以上，雌狮的体重也有 120 千克以上，在捕杀猎物的时候，狮子喜欢集体出动，这支威武的部队在自然界里所向披靡。不过也时常会有一些不知死活的家伙来向狮子发出挑战，鳄鱼是让人又恨又怕的肉食动物，它们的凶残程度在动物界里也是数一数二的，可是在凶猛的狮子面前，几个回合下来鳄鱼也只有落荒而逃的份儿了。大家对鬣狗不陌生吧？一种既凶残又歹毒的家伙，连老虎都让它几分，因为它们也喜欢集体行动，它们捕猎

狮子

狮子

知识小链接

茫茫的大草原，仿佛一个社会，不过这是属于动物的社会。在这个社会里，尽管有些动物看上去比较强悍，有的动物看上去比较美丽，然而如果过于强大的群体就会妨碍其他动物的生活，当这种强悍超出极限的时候，生物链就会断掉，然后整个世界就会失去平衡，因此只有和谐相处，自然界中的动物们才可以更好地活下去。

的手法既快又狠，很多中大型的肉食动物见了它们都绕行，但是它们在捕猎途中如果遇到狮子，辛辛苦苦捕获的猎物会被狮子悉数收走，可是敢怒不敢言。凶猛的非洲豹，在自然界中仿佛一个独行侠，独来独往，可是它们捕获的猎物从来不敢公开的，因为它们要随时提防狮子的攻击。

每次参与作战的狮子在七八只或者十多只左右，它们在作战中分工很明确，有的专门负责埋伏，有的专门负责包抄，还有的负责驱赶。正因为有了严密的作战部署，才使得它们所向披靡，战无不胜。不过，狮子有一个致命的弱点就是生性狭隘，人们常说一句话“一山不容二虎”说的是老虎狭隘，其实用来形容狮子更为贴切。因为在狮子群中每隔几年就会为了权力更替发生一次战争，为了争权夺位，狮子们骨肉相残，拼得你死我活，而最终的胜利者会残忍地把前任王者的所有亲属都杀光，就连狮子宝宝也不放过，正是狮子的狭隘与残忍严重限制了狮子家族的发展。另外，狮子的生活方式也比较保守，每一个狮群都有属于自己的领地，它们只会对入侵者发动攻击，而不会去主动扩大自己的领地。即便是一日三餐，狮子们也只是捕获自己领地里或者路过自己领地里的动物，它们从来不会走出自己的领地活动。因为狮子保

狮子

守的生活方式，导致它们经常因找不到食物饿肚子，只好打劫路过自己领地的一些肉食动物的猎物。

狮子的故事讲完了，大家对狮子又多了一些了解吧？其实狮子并没有我们想象中的那么强悍，在它们生活的这片大草原里，根本就没有什么霸主，没有什么垄断和强权，自然界中生活的动物们只是遵循着大自然制定的法则，相互制约、相互维护。

狮子

Part1 第一章

骆驼生存的秘密是什么？

在大自然中有一种最能吃苦耐劳的动物，它们可以在干旱的沙漠里，坚持长途跋涉十多天不喝水，人们亲切地把它们称为“沙漠之舟”，大家知道它们是谁了吧？

骆驼

在干旱少水的沙漠地带很少有动物存活，而千百年来骆驼是沙漠里唯一的绿色代步工具。大家都知道，在沙漠里行走随时都会受到滚滚黄沙的侵扰，那种狂风四起，瞬间天昏地暗的场面让人真是不寒而栗，在这种恶劣的天气里不要说驮着沉重的货物，就是一个人行走也是很费劲的。可是在沙漠里行走的骆驼，身上还要驮着200千克以上的货物，每天行走路程达到40千米。如果遇到风沙天气，骆驼会慢慢地趴下来，闭上眼睛，骆驼的睫毛很长，仿佛一层厚厚的帘子，可以阻挡风沙进入眼睛。等到风沙过后，骆驼会慢慢地站起来，抖落满身的黄沙，继续踏上征程……在沙漠地带最难过的就是夏天了，太阳把满地的黄沙烤得灼热，如果光脚走在沙地上有可能被烫伤，而这一切丝毫不影响骆驼走路，难

骆驼

骆驼

道骆驼不怕烫吗？这是因为骆驼的脚底有一层厚厚的角质垫，骆驼仿佛穿着一双特质的厚底靴子，一点儿也烫不着。在不驮货物的时候，骆驼走起路来会特别轻松，时速会达到15千米以上，可以连续奔跑八个小时不用歇息，因此人们给它们“沙漠之舟”的美誉真的是当之无愧的。

我们都知道人在不喝水的情况下，生命可以维持十多天，可是骆驼在无法找到水源的时候可以坚持长途跋涉半个多月不喝水，难道骆驼有特殊功能吗？根据科学家们研究发现，原来骆驼真的有一种特殊的生理机能，那就是可以锁住水分，防止水分失散。骆驼保存水分的主要部位是在巨大的口鼻上，骆驼的鼻子长得很特别，内层部分像蜗牛一样卷着，这样可以增大呼出气体通过的面积。夜间骆驼睡着以后，它的鼻子内层把呼出去的气体的水分重新回收回来，同时还要进行一项任务就是冷却气体，使这些气体的温度要比体温低八摄氏度以上。大家知道骆驼这些工作的目的是什么吗？根据科学家们研究发现，骆驼这种特殊功能可以节省体内70%的水分。

骆驼

减少排泄是骆驼保存水分的另一个方式。通常情况下，骆驼不怎么排汗，除非体温

知识小链接

大家知道骆驼驼峰的作用吗？大家都知道如果人们要长途跋涉必须准备充足的粮食和水，可是骆驼的驼峰储备脂肪的总量大约是全身重量的五分之一。在途中找不到食物的时候，骆驼就会依赖消耗驼峰的脂肪来保证充足的力量。另外，驼峰除了能储藏脂肪外，还能产生出水分，因此人们说骆驼的驼峰不但是粮库而且还是水库呢！

升到40℃以上，在晚上的时候，骆驼可以通过自己特殊的功能将自己的体温降到最低，低于自己正常体温，而在第二天如果想要重新回到正常温度则需要一个很长的过程，这样就很难达到容易排汗的温度，还有骆驼在路途中很少排尿，这样可以保证身体内的水分不至于流失。

大家知道为什么许多人死在沙漠中吗？那是因为行走在沙漠中的人，体内严重缺水造成的。因为人体血液中水分严重流失，造成血液浓度变高，人身体内的热量散发不出去，导致体温暴涨引发死亡。相对骆驼来说，因为骆驼长期生活在沙漠，即使身体严重脱水，不过它们与生俱来的功能依然能保持正常的血容量，根据科学家研究发现，骆驼在身体内各个器官都失去水分后才会影响到正常的血容量。

Part1 第一章

“见义勇为”的小海豚

海豚是一种本领超群、聪明伶俐的海洋动物。据说海豚多次在海洋救人，你们知道海豚是怎么救人的吗？

大家知道吗？动作灵巧的海豚在很久以前竟然和庞大的鲸鱼是一个家族。海豚的种类很多，根据统计在全世界有30多个品种，其中海豚的珍稀品种白喙海豚主要分布在北极地区。海豚的主要食物是海里的一些鱼类，它们觅食的方法很特别，一大群海豚将一群鱼围在中间，一部分海豚进入到圈内吃鱼，吃完后再去和圈外的海豚互换位置。

海豚

海豚

海豚救人的故事是出于一本名为《亚里翁传奇》的书，这本书的作者是希腊历史学家罗图斯图，他在书里是这样写道：著名歌唱家亚里翁在一次演出结束后，携带了大量的现金准备乘船返回科

知识小链接

海豚除了是天生的“热心肠”外，它的杂技耍得还特别好。在海豚馆里大家可以看到海豚们精彩的表演，海豚的节目有钻铁环、水上篮球、唱歌等，海豚精湛的表演技能博得了观众们阵阵的喝彩声。另外，根据科学家们研究发现，在众多的哺乳动物中，海豚的智商是最高的。因此，人们亲切地称海豚为“海中智多星”。

林敦，可是在船上他的现金让水手看到了，于是水手要杀死亚里翁。亚里翁苦苦哀求水手在临死之前让他再唱一首歌，绝望中的亚里翁倾情演唱了一曲，他那美妙的歌声吸引了许多的海豚纷纷前来观赏，就在亚里翁被水手扔进大海的一刹那，亚里翁被一种神秘的力量拖举着，并安全把他送到了岸边。后来亚里翁才知道这种神秘的力量就是海豚。海豚救人的事迹在 1949 年的一本杂志上还刊登过，佛罗里达一位女士不小心坠入海中，正当她苦苦挣扎的时候，海里的一只海豚把她救上了岸。

对于海豚为什么会救人于危难之中，是出于本能还是其他什么原因，目前仍然是一个未解的谜。

Part1 第一章

爱捕鱼的小海獭

海獭是一种灵巧可爱的海洋哺乳动物，它是食肉动物中最能适应海洋生活的，你们知道海獭在海洋中是怎么生活的吗？

睡觉的小海獭

海獭对海洋的依赖超乎人的想象，尽管它是水陆两栖动物，可是它们很少到陆地上活动，平日里它们除了仰面躺在海面呼吸新鲜空气，就是潜入到海床寻找食物。海獭是一种特别爱干净的动物，尽管一直生活在水中，可是它们总会时不时地整理一下毛皮，使毛皮总是显得那么整齐与干净。

依偎在妈妈身边的小海獭

在众多的海洋哺乳动物中，海獭的个头是最小的，科学家研究发现，海獭在若干年前可能与黄鼠狼是一家，不过它们的个头要比黄鼠狼大一些。

海獭睡觉的样子那才

知识小链接

海獭有个嗜好就是喜欢无休止的捕鱼，有时尽管肚子不饿，它们也喜欢捕杀鱼类，也许仅仅是出于本能！由于海獭对鱼类的滥捕滥杀，给当地的渔业造成了很大的损失。不过后来海獭被当地的渔民利用起来，还真成了渔民的好帮手呢！

叫有趣呢！当夜幕拉开的时候，有少数的海獭会爬上海岸的岩石上睡觉，不过大多数的海獭还是喜欢在海面上睡觉。它们会选择一个海藻比较多的地方，在海藻里打几个滚，这样有很多的海藻会缠绕在海獭的身上，或者用海藻直接缠绕在肢体上。大家知道海獭为什么要这样做吗？其实这不是海獭顽皮，据说海獭这样睡觉可以防止海水突然涨潮而被卷入海底。另外，海獭在海面睡觉，如果遇到敌人的侵扰，会即刻潜入水中逃之夭夭。不过会有一小部分胆子大的海獭继续留在水面，观察水面的情况，如果发现险情，它们会发出声音通知水下的海獭逃得更远一些。

也许人们认为自己才是这个宇宙的主宰者，因为人类是最早使用工具的物种，可是你们知道吗？海獭的智商也是非常高的。和人们一样，海獭喜欢吃一些硬壳的动物，因为硬壳里的肉质非常鲜美，可是海獭是怎么透过坚硬的硬壳把鲜美的肉拿出来的呢？海獭的牙齿肯定是不行的，因为它们的牙齿不够坚固，可是海獭竟然会想到利用比硬壳更坚固的石块，它们先是仰躺在海面上，然后把在海岸找到的石块放在胸上当垫板，接着用前肢夹着有硬壳的猎物使劲在石块上撞击，直到硬壳里的肉都露出来为止。

Part1 第一章

袋鼠宝宝为什么藏在“大袋子”里?

大家都认识袋鼠妈妈吧？每天带着大袋子跳来跳去，你们知道那个大袋子里的秘密吗？

袋鼠一家

前面给大家讲了最原始的哺乳动物鸭嘴兽以及它们奇怪的卵生方式，在自然界里还有一种比鸭嘴兽要进步一些的动物，虽然它们是胎生的生育方式，不过它们生下的宝宝没有胎盘，因此不能像正常的哺乳动物那样，宝宝出生后可以离开母体，它们的宝宝生出来后都是发育不良，放在外面不能存活，因此宝宝只能在妈妈的“育儿袋”里继续成长。大家猜出来了吧？这种动物就是袋鼠。科学家们研究发现，袋鼠的祖先要追溯到一亿多年前，因此袋鼠被人们称为“活化石”。

袋鼠

大家知道什么是育儿袋吗？育儿袋就是袋鼠妈妈腹前挂的大袋子，它主要的支撑是袋鼠妈妈的一根上耻骨，作用是用来继续哺育出生后的袋鼠宝宝。为什么袋鼠宝宝要使用育儿袋呢？因为袋鼠妈妈怀孕周期特别短，宝宝出生后身长仅仅有两厘米，体

知识小链接

由于常年运动，袋鼠的后腿和尾巴都特别粗壮。你们知道吗？袋鼠的后腿功夫是很厉害的，遇到敌人侵袭的时候，袋鼠后腿蹬一下可把对方踢死。袋鼠在自然界里还是有名的“运动健将”呢！袋鼠每次在起跳前，后腿一蹬，一下可以蹿到六七米，如果地势好一下可以跳到十多米，因此，在自然界中袋鼠还有一个美誉——弹跳冠军。

重还不足一克，后腿紧紧地裹在胎膜里。小朋友，新生的袋鼠宝宝是不是特别像一条小蚯蚓啊？为了让出生后的宝宝更好成长，袋鼠妈妈就准备了一个大袋子，妈妈会在生产前把袋子打扫得干干净净，用唾液从尾巴根部到育儿袋之间的肚皮上润湿一条小通道，出生后的小宝宝就会自己慢慢爬进妈妈的袋子里，然后摸摸索索找到乳头，这时候袋鼠妈妈的乳头会变大。虽然袋鼠宝宝含着乳头，但它们没有吸吮功能，而是靠妈妈的乳房自动收缩将奶水喷射到袋鼠宝宝口中。袋鼠宝宝要在妈妈的大袋子里生活230多天，才能正式离开妈妈。

袋鼠的分布范围不大，目前在全球只有在澳大利亚发现它们生活的足迹。可是根据科学家们研究，早期的有袋类动物分布范围很广的，几乎在全球的任何地方都有分布，后来随着新生代的到来，自然界有胎盘的哺乳动物得到了进化，在弱肉强食的自然界里，有袋类动物家族在竞争中败下阵来，于是慢慢走向衰退。后来，一些残活下来的

袋鼠一家

袋鼠一家

有袋类动物在流浪中发现了澳大利亚这个世外桃源，于是就在这里安营扎寨，生活了下来，一直发展到今天。另外，人们还在澳大利亚和亚洲交界的地方也发现了有袋类动物的足迹。根据科学家们推测，在七千五百多年前，那时候澳大利亚和亚洲板块开始分离，因此在亚洲板块发展起来的胎盘类动物无法进入到澳大利亚地区，而生活在澳大利亚的有袋类动物没有任何的生存威胁，可以自由自在地生活，如今已经发展成了庞大的有袋类家族。

袋鼠是有袋类动物的主要代表，也是澳大利亚人们最喜爱的动物之一。青少年朋友你们知道吗？可爱的袋鼠还是澳大利亚国徽图案的形象大使呢！

澳大利亚的袋鼠种类有很多，其中最有代表性的是大袋鼠和赤袋鼠。这些袋鼠身高足有两米多，虽然前腿比较短，不过后腿特别长。你知道它们是怎么休息的吗？袋鼠先是将前腿垂到胸前，然后将后腿和又粗又大的尾巴做支点，不过你不要担心，袋鼠组成的这个“三角凳”很牢固的。

袋鼠一家

蚂蚁的克星——食蚁兽

自然界的食物链很奇妙，看似破坏力极强的动物总有一个对手可以制伏它，下面我们就来认识一下蚂蚁的克星。

《西游记》大家都看过，里面有各种各样的妖魔鬼怪，样子十分怪异，让人看上去就害怕。你们知道吗？在自然界里也有一种长相怪异的怪兽——食蚁兽。不过，你们不用害怕，食蚁兽是不伤人的。这怪兽身长两米多，体重在30~65千克。食蚁兽的面相更是奇特，虽然身形巨大，不过头又细又小，另外耳朵、眼睛、鼻子、嘴都特别小，鼻子只有一个鼻孔，而且嘴里没有牙齿，只有一条长长的舌头，在舌头上布满了密密麻麻的鱼钩似的小刺。你们知道这些小刺的作用吗？这些小刺可是它们用来吸食蚂蚁的工具。除了怪异的长相，食蚁兽的身后还拖着一条灰黑色的大扫帚一样的尾巴。这个尾巴的作用可大了，下雨的时候可以挡风遮雨，在它们休息的时候还可以铺在身下当毯子。食蚁兽身上的皮毛不但浓密而且特别粗硬，在恶劣的自然环境里，可以帮助它们阻挡蚊虫的叮咬。食蚁兽还有一个特异功能，就是在晚上的时候可以把自己的体温自动降到32℃，这样可以有效地抵挡寒冷的

食蚁兽

食蚁兽

天气。

你们知道吗？别看食蚁兽平时很乖巧，可是遇到敌人的时候，立刻就会变得凶神恶煞。食蚁兽在危险面前通常有两个选择，或者逃走或者避让，但是如果这两条路都行不通，它们就会准备迎战。通常情况下，食蚁兽会用又粗又大的尾巴把上身立起来，然后和敌人抱成一团，用前爪疯狂地向敌人乱抓乱挠。据说，食蚁兽的力气非常大，森林中很多庞大的动物被它们抱得筋断骨折，另外它们的利爪也是非常厉害的武器，就连美洲豹和美洲虎等大型的肉食动物都曾死于它们的利爪之下。

大家知道白蚁吧？它是堪比洪水猛兽的害虫。白蚁在南美草原建立的富丽堂皇的“宫殿”，至今在学术界都是一个奇迹。白蚁宫殿的成分主要是白蚁身体的分泌物，根据研究发现，这种成分的凝固能力和水泥不相上下，无论怎么样的狂风骤雨都破坏不了，曾有人用镐头猛力击打，除了火星四溅外，只是留下浅浅的印痕。可是你们知道白蚁的克星是谁吗？食蚁兽就是白蚁的克星，食蚁兽可以通过白蚁分泌物的气味很容易找到白蚁的宫殿，那牢不可摧的白蚁宫殿在食蚁兽的利爪之下几下就会被摧毁，这时候惊慌失措的白蚁会闻风而逃，食蚁兽伸出长长的舌头在疯狂逃窜的白蚁群里卷动。食蚁兽的食量特别

知识小链接

据说一个白蚁群一天可以消灭五万只动物，可是它们在食蚁兽的嘴里仅仅就是一顿美餐，不过由于近些年食蚁兽生存的环境遭到了很大的破坏，影响了食蚁兽的正常繁衍，导致食蚁兽的数量急剧下降。为了保护生态平衡，南美各国政府对食蚁兽也实行了相应的保护措施。

的大，一只食蚁兽一天可以吃三万只像蚂蚁一样的昆虫。

食蚁兽的故事讲完了，大家是不是明白一个道理啊？在自然界中虽然弱肉强食，可是并没有什么霸主，天外有天，白蚁在自然界中算得上是叱咤风云，在地球各个角落，几乎都是谈蚁色变。可是在食蚁兽面前，白蚁这支所向披靡的队伍照样会溃不成军。

❖ 蚂蚁

Part1 第一章

丑陋的“森林卫士”

在自然界里有一种面目丑陋的家伙——穿山甲，它被人们亲切地称为“森林卫士”，带你们认识一下它吧！

你们知道穿山甲的名字是怎么来的吗？穿山甲的个头不是很大，身长在40~55厘米左右，身后拖着一条又扁又粗但是不太长的尾巴。穿山甲的头很小，嘴巴尖尖的，耳朵和眼睛也都很小，虽然没有牙齿，不过有一条又细又长的舌头，可以轻松自如地从蚁穴里取食物。穿山甲的爪子特别锋利，全身披着一层油瓦状的鳞片，仿佛一件全副武装的盔甲，这也是穿山甲名字的由来。

前面给大家讲了食蚁兽是如洪水猛兽般的白蚁的克星，你们知道吗？白蚁同样也是穿山甲的主要食物。穿山甲的栖息地主要在林区，它们一天要吃大量的白蚁。据统计，一只穿山甲一天能吃十多万只白蚁，而林区的白蚁主要的食物就是树木，穿山甲每年消灭的白蚁数量可以保护上百亩马尾松免受白蚁的侵害，因此穿山甲受到了当地人民的喜爱，

穿山甲

知识小链接

别看穿山甲长得丑陋，可是穿山甲全身都是宝。它们的肉质很鲜美，身上的鳞片是很珍贵的中药材。另外我国有医书记载，穿山甲的鳞片还有分泌乳汁的作用，如果生完孩子的妈妈没有奶水只要吃一些穿山甲的鳞片就可以下奶。

人们亲切地把穿山甲称为“森林卫士”。

大家知道穿山甲是怎么寻找白蚁的巢穴的吗？穿山甲还是很厉害的“侦察兵”呢！它们的嗅觉特别敏锐，穿山甲在找到蚁穴的通道口后，会用鼻子向洞内喷气，洞内的白蚁在受到惊吓后会排出大量的蚁酸，聪明的穿山甲会根据蚁酸的浓度来判断洞穴内白蚁的数量，另外它们还会根据气体返回的时间来判断洞穴的深浅。敌情判断完毕后，穿山甲就会部署捕食白蚁的方法。穿山甲会先躺在地上直挺挺地装死，还故意撒开鳞片，诱惑白蚁前来觅食。等到它们的身体爬满白蚁以后，聪明的穿山甲会迅速合上鳞片，然后跳进附近的水里，把身上的鳞片打开，身体里的白蚁就会浮在水面上，这时候穿山甲就会尽情地享用它们的美餐了。穿山甲有一项特殊功能，就是舌头可以产生一种带腥味的分泌物，它们常常把舌头伸出来，白蚁非常喜欢

这种味道，就慢慢聚拢过来，等到白蚁慢慢爬满穿山甲舌头的时候，它们就会迅速把这些美味佳肴放到嘴里然后吞到肚子里。

近些年来，一些医学专家还发现穿山甲具有治疗癌症和预防心脑血管疾病的作用，虽然目前还没有确凿的证据，不过因为这些疾病是人们的常发病，所以穿山甲还是得到了人们的“垂青”。在利益的驱使下，人们对穿山甲展开了疯狂的捕杀，穿山甲的繁殖本来就慢，一年只能生一胎，一胎最多可以产下两个。在人们疯狂的屠刀下，穿山甲的数量越来越少，目前已经属于濒危动物。

Part1 第一章

凶猛的“草原杀手”

鼠兔是草原上一种特别美丽可爱的小动物，可是它却有个恐怖的名字——“草原杀手”，你们知道是为什么吗？

鼠兔

在自然界里有一种奇怪的动物，从外表看很像兔子，可是如果仔细看神态之间又特别像老鼠，因此人们把它们叫作鼠兔。鼠兔体态娇小，身材在10~28厘米不等，耳朵不大，后腿和前腿差不多长，和其他哺乳动物不相同的是，雌性鼠兔有两三对乳头。鼠兔全身的皮毛又柔又软，特别是底部的毛很厚，这可能是为了抵御高海拔地区的寒冷天气。鼠兔的皮毛颜色有很多，主要有沙黄色、茶褐色、灰褐色以及红棕色等。另外根据研究发现它们的皮毛夏天的颜色要比冬天的颜色深一些。

大家知道吗？鼠兔会和鸟类住到一起。鼠兔和鸟类为什么会发生同居的现象

知识小链接

鼠兔虽然给草原带来的破坏性很大，可是为什么没有看出草原有沙化现象呢？这是因为自然界中神奇的生物链，鼠兔的天敌是草原上翱翔的老鹰，虽然鼠兔的繁殖能力强，可是老鹰的食量是很大的。由于老鹰的控制，因此鼠兔不至于成灾。不过因为近些年人们对草场滥用农药，造成老鹰的数量也在急剧下降，也许在不久的将来，人们真的会自食恶果，造成生态失衡。

鼠兔幼仔

呢？根据科学家研究发现，鼠兔在遇到危险的时候是利用鸟类的鸣叫来报警，而鸟类利用鼠兔的洞穴来躲避强烈的阳光和狂风暴雨的侵袭。在险象环生的自然界里，动物们为了更好地生存下去，必须相互扶持、相互利用。

别看鼠兔的外表特别漂亮，可是它们却是不折不扣的“草原杀手”。鼠兔对土地的破坏能力特别强，一只鼠兔最多可以破坏 0.7 平方米的草原，它们的繁殖能力特别强，在鼠兔集中的地方，1 平方米的土地最多有 18 个洞，鼠兔们的主要食物就是牧草，而且它们专门挑牧草最鲜嫩的部分吃，据统计一只鼠兔一天可以吃 700 多克牧草，一大片的牧草很快就会被它们啃食成一片荒地。在牧草吃光以后，鼠兔们就会重新寻找住所。这支庞大的队伍在迁徙的途中，乘风破浪，纵然遇到两三米的河流，它们也会轻松地横渡过去。

吃草的鼠兔

Part1 第一章

谁是“辛勤的园丁”呢?

我们在生活中通常喜欢把那些很厉害的人比喻成“刺猬”，自然界里的刺猬真的像人们说的那么可怕吗?

刺猬

我们经常会在公园里的某个角落或者是一些灌木丛中发现一团蜷缩的小东西，它浑身长满了尖尖的刺，这就是刺猬。刺猬还有很多名字，比如刺团、猬鼠、偷瓜獾、毛刺等，刺猬喜欢凉快的天气，所以它们常常喜欢在水里待着。夏天是刺猬最难过的日子，因为天热的时候刺猬生理机能也会发生变化，炎热的天气能影响刺猬正常调节体温的功能。刺猬有冬眠的习性，它们冬眠的日期很漫长，通常情况下从深秋一直持续到来年的春季。在春暖花开的时候，刺猬才会从沉睡的梦中醒来。

刺猬是一个独行侠，它们的胆子特别小，总是喜欢找一些僻静阴凉的地方自己待着。有一些品种的刺猬个头特别小，只有手掌那么大，而且性情特

知识小链接

你们知道吗？人们还送给刺猬一个美誉——“辛勤的园丁”呢！这是因为刺猬的食物主要是虫蛹、老鼠等，而这些都是残害公园或者花园林木的罪魁祸首，刺猬捕食它们既是为了自己充饥，也保护了人们居住的环境，因此人们把刺猬当作不花钱的园丁。不过，刺猬在找不到食物的时候，也会偶尔偷公园里的果子充饥。

别温顺，因此在澳大利亚有人常常把这类刺猬作为宠物饲养，离开野生环境的刺猬仿佛离开了水的鱼，虽然生活状态得到了改观，可是没有自由的生活并不是它们真正想要的。于是，为了躲避人类的抓捕，刺猬就逃离了人们的视线，把家安在一些偏僻的地方。目前，刺猬的数量也在急剧缩小，在我国刺猬也被列为珍稀野生保护动物。青少年朋友们，爱护野生动物，从我做起，我们如果遇到这些可爱的小精灵，一定不要把它们放进笼子里哦！

你们知道刺猬是怎么捕食的吗？刺猬的嗅觉很发达，这是因为它的鼻子很长。白天的时候刺猬会“呼呼”地睡大觉，在晚上的时候会特别精神，它们主要捕食一些昆虫和蠕虫，刺猬的饭量很大，一晚上要吃 200 多克的虫子呢！你们知道刺猬最喜欢吃什么吗？刺猬最喜欢吃的食物是蚂蚁和白蚁，每当刺猬找到蚂蚁的巢穴的时候，就会很兴奋地用前爪把洞口挖开，然后用又长又黏的舌头伸进洞里拖出很多的蚂蚁，慢慢享用这丰盛的美餐。

Part1 第一章

眼镜蛇的克星——猫鼬

大家都知道眼镜蛇是自然界里最毒的动物之一，可是眼镜蛇也有克星，你们知道是谁吗？

猫鼬，也就是人们通常说的蒙哥，猫鼬可不是爬行动物，它属于哺乳动物的一种，猫鼬的全身又细又长，身长大约在75厘米，而尾巴就占据了身长的一半，猫鼬的嘴巴很尖，四肢短短的，全身呈灰色不过略微带一点棕黄色。猫鼬平时喜欢栖息在丛林里，因为在这里有许多它们喜欢的美味佳肴，比如自然界里最毒的动物之一——眼镜蛇，它的克星就是猫鼬。

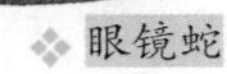

眼镜蛇

猫鼬的个头也不大，那么它是怎么制服厉害的眼镜蛇的呢？根据科学家们研究发现，在猫鼬的身上发现了一种特殊的毒性免疫力，大家都知道，眼镜蛇最大的本领就是喷射毒液，可是毒液在猫鼬的面前却起不了任何作用。曾经有人把猫鼬和眼镜蛇放在一起，观察猫鼬制服眼镜

猫鼬

知识小链接

猫鼬不但捕食眼镜蛇的功夫特别毒辣，它们还是很厉害的捕鼠高手呢！因为它们的身材娇小，在找到老鼠洞穴后干脆直接钻进其洞穴内，将所有的老鼠一网打尽。据说有一年夏威夷闹鼠灾，有人想了一个办法，把大批的猫鼬调到那里去，结果没几天那个地区的老鼠都被猫鼬消灭得精光，因此人们亲切地称呼它们为“捕鼠英雄”。

蛇的全过程：猫鼬看到眼镜蛇后条件反射般地全身的毛都炸了起来，而眼镜蛇只是默默地盯着猫鼬等待时机，迫不及待的猫鼬上前对眼镜蛇发起了进攻，眼镜蛇终于按捺不住发起反攻，只见它“腾”地竖起了上半身，嘴里发出“咻咻”的声音，一次又一次地向猫鼬发起进攻，企图咬住猫鼬。可是猫鼬的身形特别敏捷，左躲右闪，眼镜蛇就是咬不着它，直到把眼镜蛇折腾得精疲力尽再也动弹不了，猫鼬悄悄溜到眼镜蛇的背后一口把眼镜蛇的脖子咬断，然后在眼镜蛇痛苦的扭动中尽情地享受美餐。猫鼬和眼镜蛇搏斗不仅仅是为了充饥，也是生命中的一种爱好，它们之间的关系就好像猫和老鼠，仿佛天生就是天敌，有时候猫鼬看到眼镜蛇，尽管肚子不饿，但也会想尽办法把眼镜蛇消灭掉。

青少年朋友们，猫鼬可是我们人类的好朋友，我们如果遇到猫鼬一定不要伤害它们哦！

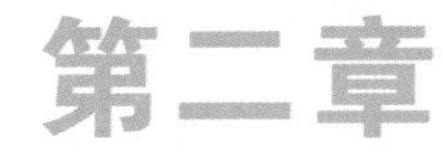

神奇的自然景观

当我们看到天堂般的尼亚加拉瀑布、号称“美洲脊梁”的落基山脉、壮丽的北极光、千回百转的罗布泊……怎能不心旷神怡？

在浩瀚的大自然中，很多地方因其雄壮广阔而成为永恒。然而，谁能理解这些雄伟的山河的后面究竟隐藏着多少不为人知的秘密呢？青少年朋友们，放下你们沉重的书包，让我们走进神奇的自然风光，感受大自然这鬼斧神工的美妙吧！

Part2 第二章

最年轻的山脉

美丽而神奇的喜马拉雅山脉被人们称为“世界屋脊”，你们知道这是为什么吗？

喜马拉雅山脉

喜马拉雅山脉是世界上最高、最年轻的山脉之一，这里的山峰常年白雪皑皑，因此喜马拉雅山脉被藏族人民称为“冰雪之乡”。地质学家研究发现，大约在7000万年以前，这里曾经是一片浩瀚的汪洋，后来经过地壳变动，附近的一些板块发生了碰撞，导致喜马拉雅的地势不断升高，特别是在最近十多万年来，喜马拉雅山脉地势上升的速度更加迅速，目前，上升现象依然没有停止。

你们知道喜马拉雅山脉为什么终年积雪不化吗？经过地质学家研究，这是因为喜马拉雅山脉骤然地势升高，在空中形成了一道屏障，印度洋的暖湿气流向北走向被彻底阻断了，青藏高原的气候受到了影响，形成终年干旱的气候现象。

让我们看一下美丽神奇的喜马拉雅山脉的全貌吧！喜马拉雅山脉是由许多个大小不一的平行山脉构成的，它东西纵向有2400多千米，宽约200~300

> **知识小链接**
>
> 中国位于欧亚板块的东南部，夹在印度板块和太平洋板块中间。大约第三世纪以来，由于各个板块发动不同程度的撞击，对中国的板块也产生了很大的影响。新世纪以来，由于印度板块向北猛烈俯冲，产生的压力导致青藏高原的地势迅速增高，这样就形成了喜马拉雅山脉，人们把这次地壳变动称为喜马拉雅运动。

千米，整个山脉形成一个向南蜿蜒的弧形，是目前世界上构造最为复杂的皱褶山脉。喜马拉雅山脉的南坡从海拔 2000 多米海拔的河谷一直攀升到海拔 8000 多米的山峰之上，河谷的水平距离虽然仅仅只有几十千米，但上下距离交错出现了严重的季节分化现象。海拔的最低处气候温湿，这里的植物终年枝繁叶茂，形成一片郁郁葱葱的阔叶林带。海拔越高，气温也随之下降，这里生活的绿色植被不再是郁郁葱葱的阔叶树，而是一些耐寒的针叶树。再往高处走，由于这里热量明显不足，很多针叶树也无法存活，于是在这里生长了大片的灌丛带。大约在 4500 米以上属于高山草甸带，高山地带是在海拔 5300 米以上，这里终年积雪覆盖。在喜马拉雅山脉的北坡，气候特别干燥而且气温低，每年的降水量特别少，因此这里

喜马拉雅山脉

喜马拉雅山脉的牦牛

自然景观的分布层次显然没有南坡那么丰富。

珠穆朗玛峰是喜马拉雅山脉最高的山峰，有人说她和喜马拉雅山脉的关系仿佛“母女”一般，她静静地耸立在山脉的最高端，好像一个神圣不可侵犯的雪山女神，白衣素裹，亭亭玉立，默默地俯视着勤劳善良的人们。随着山上气象的转变，若隐若现，更加增添了神秘的气息。另外，珠穆朗玛峰作为世界的最高峰，它是世界各地探险家们的乐园。每年吸引了数以万计的探险家纷纷前来攀爬。

喜马拉雅山脉的针叶树

Part2 第二章

黄沙下掩埋的秘密

古往今来，神秘而诡异的撒哈拉沙漠是探险家们梦想的乐土，你们知道这片黄沙下面究竟掩埋着多少不为人知的秘密吗？

作为世界第一沙漠的撒哈拉沙漠仿佛是一个吃人的“魔窟”。这里终年黄沙滚滚，气候炎热，古往今来无数个来这里探险的人都葬身在这滚滚的黄沙之中。然而探 险家们也不是一无所获，最终在一些壁画中发现了沙漠的秘密：这片荒芜的地带曾经是一个繁荣昌盛的王国。因为在这里出土了大量内容丰富的壁画，这些壁画为科学家们研究撒哈拉沙漠的历史提供了宝贵的资料。

第一个发现这些壁画的人是德国的探险家巴尔斯，他在1805年在沙漠里考察的时候，在沙漠的岩壁上惊喜地发现了这些壁画，更让他瞠目结舌的是这些壁画历经无数载风雨，竟然可以保持得栩栩如生，壁画的内容是一些鸵鸟、水牛以及人物的各种造型。后来在1933年，一支法国骑兵在路过撒哈拉沙漠的时候无意间也发现了长达好几千米的壁画群，这些壁画群是在沙漠中部塔西利台、恩阿哲尔高原上

沙漠

知识小链接

在阿拉伯语中“撒哈拉”也是沙漠的意思，根据记载这片沙漠的形成时间大约在250万年前。沙漠西起大西洋海岸，东至红海之滨，横跨非洲大陆北部，东西纵向在5100多千米，宽约1000多千米，总面积大约占据了非洲总面积的三分之一，有人推算撒哈拉沙漠可以装进装个美国。

发现的，虽然经历了若干年风雨的侵袭，这些壁画仍然栩栩如生，光鲜如初，壁画的内容生动形象地还原了当时这里曾经一片繁荣昌盛的景象。

后来，考古学家对撒哈拉沙漠的这些壁画做了进一步的研究，发现壁画中的一动物品种特别多，而且形态各异，特别是壁画中描绘的动物在受惊后那种惊慌失措、四蹄腾空的景象，这样的艺术珍品的造诣，即使在当今世界上也是首屈一指的。考古学家在对壁画的研究中复原了当时撒哈拉沙漠地区人们生活的样子，另外他们还在壁画中发现了远古时期的人划着木舟悠然地在河里捕猎河马，这一点充分说明了曾经这里是一片肥沃的土地，人们安居乐业，社会繁荣昌盛。然而为什么一片乐土会变成今天的“吃人魔窟”呢？曾经的那些文明是怎么消失的？尽管考古学家做出了很多的努力，可是谜底至今仍然无法解开。

这里仿佛是一个死亡之谷，荒无人烟，终年黄沙滚滚，风声鹤唳，由于常年的风沙堆积，这里的地表特别干燥。人们行走在这片荒漠的地带，如果能看到绿洲，那真是比见到金矿都欣喜万分的。千百年来，沙漠里零零落落的居民在这里顽强地生活着，为了改善沙漠恶劣的环境，他们学会了种植各种适合干旱地带生存的植被，为这个毫无生气的沙漠增添了一丝生机。

Part2 第二章

地球上最丑陋的“疤痕”

有人把气势磅礴的东非大裂谷称为是地球表皮上的一条大伤痕，你们知道这是为什么吗？

东非大裂谷

作为世界上最大的断裂带，被称为地球表皮上的一条大伤痕。裂谷带平均宽为48~65千米，各地宽度不一总体上呈北宽南窄趋势，最宽处200千米以上。东非大裂谷还有一个美丽的名字——“东非十字架”。游人要是想看东非大裂谷磅礴的气势，还是要从空中看。当人们乘坐飞机驶入到东非大陆赤道的上空的时候，俯视地面，就会因东非大裂谷清晰的轮廓所震撼，这时候人们的面前就会呈现出一条硕大无比的大刀痕，这条刀痕会一直延伸到死海地区，根据科考人员推测，这条刀痕大约占据了地球周长的六分之一。

东非大裂谷

知识小链接

人们在东非大裂谷这片肥沃的土地上过着祥和的生活，站在山头向下看，整个山下绿草茵茵，成群的牛羊悠闲地在草地上吃草。来来往往的大卡车发出的轰鸣声把附近村民养的鸡、鸭和狗等惊吓得四下乱跳。村庄里的庄园星罗棋布，四周群峦迭起。放眼望去，肥沃的田野一直延伸到最远处的山冈。

很多没见过东非大裂谷的人会凭空想象，认为这里一定是一条既狭长又荒无人烟的断涧，到处笼罩着阴森恐怖的气氛。那么你就完全错了，东非大裂谷其实生机盎然，这里群峦迭起，到处都是枝繁叶茂的原始森林，山峰之间耸立着一座座威武高大的死火山。平原处绿草肥沃，旁边围绕着翠绿欲滴的灌木丛，四周有无数条泛着金色光芒的湖泊，微微风儿吹过，草儿轻轻地摇曳着，远处不时飘来阵阵的花香，湖水泛起阵阵的涟漪。在这蓝天白云下面，山水交融，这里美妙的景色仿佛海市蜃楼一般，在云雾缭绕中若隐若现，让人感觉置身在仙境之中。

这里是地球上“神奇的乐土”

这里是地球上独一无二的乐园，这里有着气势磅礴的瀑布，这里是全世界珍稀动物最丰富的地方……

被人们称为“地球上独一无二的乐园”的黄石公园，坐落在美国西部北落基山和中落基山之间的一座熔岩高原上，这里最高海拔在2400多米，面积8900多平方千米。公园内交通四通八达，一条环山公路贯穿公园的全部景点之间，这条公路在500千米左右，游客如果想徒步走遍公园内的景点，整段路途在1500多千米。

大家知道世界上最原始最古老的公园是哪里吗？根据史料记载，黄石公园最早被发现是在1807年秋天，1872年，美国国会通过法案正式把黄石公园立为国家公园。当时建立国家公园的目的主要从人民的利益出发，为人民打造一个休闲娱乐的场所。而且黄石公园里有许多珍稀的树木、矿石和沉淀物，以及天然的自然景观，美国政府成立国家公园的目的也是为了保护这些宝贵的自然资源免于受到破坏。

黄石公园是怎么形成的？黄石公园最大的特点就是壮观的自然景观，这些自然景观是经历千百万年来无数的地壳变动以及风雨侵袭所形成的。根据地质学家推测，在6000多万年以前，在这里曾经频频发生火山爆发，并且喷发出大量的岩浆，经过长年累月的累积形成了海拔两千多米的熔岩高原，三次的冰川运动导致冰川消融，形成了公园内的山谷、瀑布、湖泊以及无数的温泉和喷泉。千百万

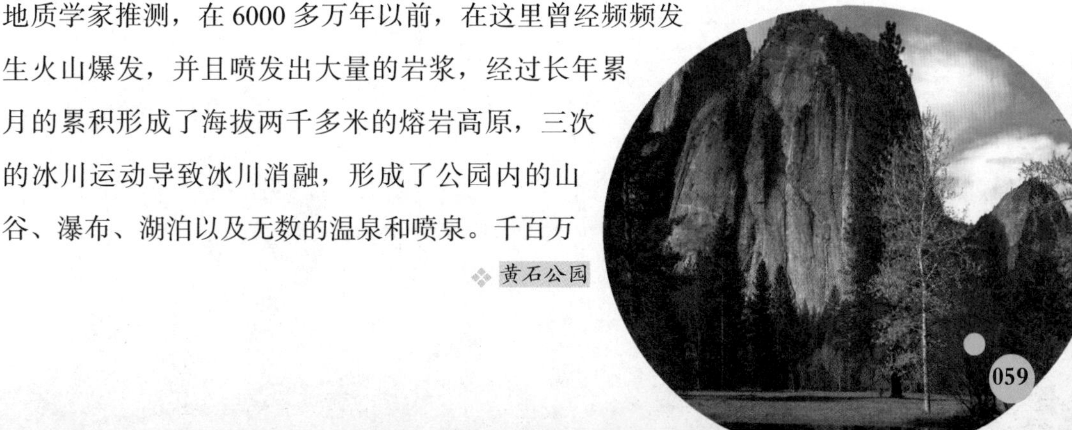

黄石公园

知识小链接

根据资料显示，每年在落基山脉都要发生很多火灾，每年在火灾中被毁坏的植物可达到几千平方公里，“野火烧不尽，春风吹又生”是这些顽强植物的真实写照，正是因为这些植物，才给了黄石公园盎然的生机。

年来，大自然仿佛一个鬼斧神工的艺术家把这里雕琢成一幅让无数人折服的画卷。在黄石公园里游览，游客如果想看山，公园内最美的山是东、西、北三个方向的山，这里山峰陡立，山川绵延不断，山上怪石嶙峋。游客如果想要看水，公园里无数条河流、湖泊、池塘、喷泉以及大小不一的瀑布，应有尽有，从山谷中狂奔而下的水柱给人一种“飞流直下三千尺”的豪迈感觉。在黄山公园这片肥沃的天然土地上，生活着一群群的野生动物，无论是飞禽还是走兽，在这里随处可见这些动物的影子，如麋鹿、黑熊、驼鹿和大角羊等珍稀野生哺乳动物都在这里悠闲地生活着。

黄石公园里除了珍稀的动物外还生长着许多珍稀的植物呢！在这里森林覆盖率大约在 85% 以上，扭叶松是一种生命力特别强的树种，它也是黄石公园里主要的树种。扭叶松最大的特点就是不怕火，因为公园里森林覆盖率特别高，在天气干躁的季节特别容易发生火灾，频繁的火灾毁坏了森林里许多珍稀的树木，可是扭叶松它不但凭着顽强的生命力活了下来，而且还把自己的地盘慢慢扩大。除了扭叶松，龙丹松也是公园里一种生命力特别顽强的植物，这种植物的特点就是适应能力特别强，可以随遇而安，无论在什么样的环境和土壤下它们都能茁壮成长。

“雷神之水”的秘密

波澜壮阔的尼亚加拉大瀑布被人们称为“雷神之水”，因为人们在这里游玩可以感受到很多的乐趣，带你们走进乐趣无限的雷神之水吧！

尼亚加拉大瀑布横贯美国和加拿大两国国境线，两个国家经常为了瀑布的归属权争执不休，后来为了和平共处，两个国家达成了资源共享的协议。如今的尼亚加拉大瀑布在两个国家共同努力开发下，景色愈加怡人，每年吸引了数以万计的游客前来游览，游客可以在这里尽情聆听“蜜月小径”的传说，可以在游船上体验木桶漂流的无限乐趣。

被誉为“全球瀑布之冠”的尼亚加拉瀑布位于尼亚加拉河中段，它以独特的气势而闻名遐迩。尼亚加拉瀑布除了具有磅礴的气势，还充满了浓郁的浪漫而神秘的民族气息，每年有数以万计来自四面八方的游客来观赏它美丽的容颜。

尼亚加拉大瀑布

尼亚加拉瀑布因为上下水柱强烈的撞击发出震耳的轰鸣声，引起了当地印第安人极大的畏惧感，他们认为这不是普通的水声，而是天上的雷神在说话，这也就是“雷神之水”名字

> **知识小链接**
>
> 很多年以来，美国和加拿大就为了尼亚加拉瀑布归属权问题相互争执不休。根据历史记载，两个国家在 1812 年至 1814 年间为了瀑布问题硝烟不断，后来两国政府达成协议，协议中划定以尼亚加拉河主航道中心线为两国边界。

的由来。其实雄伟壮观的尼亚加拉瀑布并不是仅仅只有一条独立的瀑布，它主要是由三条瀑布形成，它们分别是“加拿大瀑布”“美国瀑布”和“新娘面纱瀑布”。其中最小的一条是“新娘面纱瀑布”，它仿佛一个娇羞的新娘一般依偎在壮阔的“美国瀑布”旁边，这条瀑布又细又小，不仔细看根本就看不出它是一条独立的瀑布，因此美国人民给它取了这么一个浪漫的名字。

根据记载，最早发现尼亚加拉大瀑布的是一个法国传教士——路易斯·亨尼平，他是在 1678 年传教途中，无意间发现这条瀑布的。尼亚加拉河上游的水不是很急，不过到了伊利湖附近时，水流会发生很大的变化，持续加大，可达到 50 多米，再加上这里的地势比较低，因此当河水流到这里的时候就会变成垂直落下，水势也会变得很凶猛，巨大的水柱铺天盖地，飞流而下，如狂奔的马儿直冲下悬崖，发出震耳欲聋的轰鸣声。当路易斯第一次看到这个壮观的场面的时候，整个人都被震撼得呆若木鸡，他回去后就把自己的所见

彩虹桥

所闻都写了出来，特别是对尼亚加拉瀑布磅礴的气势更是描绘得淋漓尽致，从此尼亚加拉瀑布走进了人们的视线。

在尼亚加拉河上有一座桥，人们还给它取了一个好听的名字——彩虹桥，这座桥是两国和平的见证，在桥上到处飘扬着美国和加拿大的国旗。这里还有一个浪漫的爱情故事呢！据说拿破仑的弟弟度蜜月的时候，特意携带自己美丽漂亮的新娘不远千里从新奥尔良来到这里，让尼亚加拉瀑布见证他们的爱情。从此新婚旅行到尼亚加拉瀑布就成了一种时尚，每年有数以万计蜜月旅行的新婚男女来这里感受浪漫和壮美，幸福而甜美的小情侣们也成了尼亚加拉瀑布一道亮丽的风景线，人们还给彩虹桥取了浪漫富有诗意的名字——“蜜月小径”。

如今的尼亚加拉瀑布没有纷争，没有硝烟，它不再是引发两国战争的导火索，而是成了牵连两国友谊的纽带，这里的旅游资源为当地的旅游业创造了重要的财富。

“阴森恐怖”的小木屋

在圣克鲁斯市有一个神秘的小木屋，屋子里会出现很多奇异的现象，究竟是怎么回事呢？

神秘的小木屋外

在美国有一个神秘的地带，它的神奇之处在哪里呢？让我们来看一下吧！这个神秘地带只有弹丸那么小，它位于加利福尼亚州旧金山的圣克鲁斯市的西郊，四周都是郁郁葱葱的森林。这个神秘地带仿佛一个“哈哈镜”，人走在上面可变高变矮。顺着神秘地带往里走，有一个诡异的“小木屋”，在小木屋里人们甚至能像壁虎那么轻松自然地在墙壁上行走，球放在那里会自动往高的地方爬……林林总总的奇异现象除了吸引了大量的游客，也引来了许多的科学家前来探秘。虽然科学家们经过了潜心的研究，可是结果仍然是一头雾水，无法解开谜底。

走进神秘地带，在入口处人们会看到有两块青石头，大约有50厘米长、20厘米宽，这两块石头的距离在40厘米左右。如果仅仅从外观上看，这两块石头没有什么异常，可是如果人站在石头上，就会出现奇异的现象，因为一块石头可以让人变得又高又大，一块石头却能使人变得又胖又矮，有点像“哈哈镜”的功能。曾经有两个游客，这两个游客长得特别的生动，一个瘦高个，一个矮胖子，他们不相信两块石头会有这个功能，于是分别站在石头上，然后又相互交换了位置重新站了一下。结果旁边的游客们看到他们滑稽的样子忍俊不禁，两个人狼狈地逃走了。大家知道游客为什么会发笑吗？

神秘的小木屋内

当他们两个第一次站在石头的时候，那个瘦高个跟个长颈鹿似的又细又长，而那个矮胖子跟板凳似的又矮又矬。当他们交换位置以后，那个矮胖子就忽然高大了起来。为什么会出现这个现象呢？难道是石头有高低？科学家拿来水平仪对石头做了测量，可是发现两块石头的水平面都是一样的。难道是身高出了问题？科学家又拿了尺子对站在石头上的人量了身高，结果高度也没有误差。也有科学家怀疑是人的视觉出现了错觉……这些林林总总的问题与答案最终都遭到了否定，于是这个现象成了一个悬疑。

顺着石板向前走，大约在神秘地带的中心地段有一条坡度很大的羊肠小道，羊肠小道没有什么特别，然而小道四周的树木却都是斜着的，而且倾斜的方向都是一样的。很多游人走在这条羊肠小道上，就会感觉自己的身体和小道的角度

羊肠小道

知识小链接

科学家称，在美国神秘地带发生的这些超乎正常的奇异现象显然违反了自然定律，地球重力场在这个神秘地带出现的异常现象，给无数的科学家带来了困惑，同时也激发了富有探索精神的人们探索新知识的欲望。

一样，都是斜着的，如果低下头竟然看不到自己的脚，不过这不影响正常的行走，这里就是神秘地带的中心。在这里有一间简陋的房子，从外观看整个小木屋都是斜着的，人走进去以后整个身体的角度也是斜着的，可是令人奇怪的是，人却不会倒下。这个奇怪的现象引起了很多科学家的好奇心，有人做了一个实验，把一块木板斜着放在小木屋的角落里，这样看上去好像一个斜坡道，然后他们把一个小球放在斜着的板子上，奇怪的事情发生了，这个小球竟然不会掉下去，仿佛被人点了穴一般一动不动，有人故意用手把小球向下推了推，结果那个小球向下滚了一会儿后，自己又回过头来向上慢慢爬动，当它爬上最高处的时候忽然自己停住了。这个奇怪的现象让人百思不得其解，难道这个小木屋有什么魔力吗？来这里探险的许多游客都不相信，他们努力在小木屋里想把身体挺起来，可是走着走着还是倾斜了。这究竟是一种什么力量呢？科学家们把这个小木屋称为神秘地带的第二个“奇谜”。

科学家们在这个小木屋做实验的时候还发现了一个奇怪的现象，那就是人在屋里感觉很不舒服，整个人都昏沉沉的，但是走出木屋以后，身体的机能又恢复了正常。科学家们都是唯物主义，当然不相信什么鬼神传说了，他们有的说是因为小木屋里磁场出现异常，强大的重力转变为磁力，相反强大的磁力

神秘的小木屋外

又会使重力出现异常。可是还有一个问题科学家们还是没有想明白，那就是为什么小木屋会产生这么大的重力呢？

圣克鲁斯市“神秘地带”发生的种种奇异现象，都是违反牛顿的重力定律的。地球重力场在这个弹丸之地的突出的异样存在，带给现代科学的不仅仅是困惑，它为富于探索精神的人们提供了一个新的认识窗口。

在另一间小木屋的横梁上挂着一根铁链，在铁链的下面拴着一个直径大约 20 多厘米、5 厘米厚的盘状的圆形物体，这个物体看上去很沉，有点像一个大大的钟摆。让人奇怪的是这个大钟摆只会向一个方向摆动，有的游客想让它向另一个方向摆动，可是使出九牛二虎之力也无法使它动弹。这个大钟摆摆动得特别有规律，几乎是每隔五六分钟就会发生变化，或者向前摆动，或者左右摆动，有时候竟然会自己转圈，这个奇怪的现象让无数的游客连声称奇。

Part2 第二章

“脾气最坏”的火山

基拉韦厄山被称为“世界上最活跃的火山”，你们知道这是为什么吗？

火山岩

被称为世界上最活跃的活火山——基拉韦厄火山位于夏威夷的东南部，至今依然不时地喷发出绚丽的岩浆。基拉韦厄火山的最高海拔在1200多米，在夏威夷众多的岛屿中是最大的岛。基拉韦厄火山仿佛一个火爆脾气的勇者，它的坏脾气每隔一段时间就会发作一次，历史上规模最大的一次爆发是在1960年，当时火山喷发产生的熔岩形成巨大的火柱仿佛脱缰的野马，从高处奔腾而下，最后流入大海，大量冷却后的岩浆溶液把海水都填满了。

基拉韦厄火山为什么总是发脾气呢？根据地质学家观察发现，在火山顶有一个很大的缺口，这个缺口直径在4000多米，深度有130多米，在这个缺口里还有许多小的火山口。从上面俯视，整个火山口的缺口仿佛一口大锅，在大锅里面还藏着许多由火山口组成的小锅。顺着这个缺口向西南看，会发现有一个翻腾着滚滚溶液的火山口，这个火山口很大，直径足足有1000米，深度在400米左右，火山口里的滚滚熔岩不时地向上涌动，特别是那些已经

知识小链接

根据地质学家观测，基拉韦厄火山的熔岩温度最高可达到1500℃，甚至更高，如此高的温度可以熔化整块巨大的岩石。因此居住在基拉韦厄火山附近的居民深受火山的危害，夏威夷岛上的树木、野生动物、建筑物等林林总总的东西都受到很大的影响。另外从火山口不时喷发溢出来的熔岩对人们造成的危害更是具有毁灭性。

涌出火山口的熔岩，仿佛一条泛着橘黄色光芒的瀑布滚滚流下，这个靓丽的景观被当地的土著人称为“哈里摩摩”，意思是火焰的家。

根据地质学家研究发现，这里曾经是一个面积大约有10万平方米的巨型岩浆湖，和普通的湖不同的是，岩浆湖里不是水而是十几米深的岩浆，这些岩浆泛着火红色耀眼的光芒，在湖里不断地翻腾着。在岩浆湖的边缘会出现许多由高温产生的暗红色的“橘皮”，常年日积月累的“橘皮”仿佛一捆捆的绳子，有时候破裂的“橘皮”会沉入滚滚的岩浆中，这时湖面会泛起几米高的“水花”，那种场面特别壮观，每年有数以万计的游客蜂拥而至，前来观看这大自然中神奇的景观。

基拉韦厄火山非常活跃，有人统计它们每秒钟喷发的熔岩可达到1000多加仑。基拉韦厄火山的海拔高度比法国的埃菲尔铁塔还要高出很多。除了高度，基拉韦厄火山的深度也是深不可测的，因此人们无法确切地估量火山滚滚熔岩下面的深度。到目前为止，基拉韦厄火山是世界上最大的活火山之一。

基拉韦厄火山

Part2 第二章

“美轮美奂”的北极光

北极光是一种神奇的天象，据说北极光曾被因纽特人认为是上帝呼唤人们灵魂的导航，那么北极光究竟怎么回事呢？

北极光

自古以来，北极光就仿佛一个无法解开的神秘天象，吸引了无数学术人员的好奇心。据说在13世纪时，北极光被人们认为是从格陵兰冰原反射的光。直到十七世纪，人们才把这种神秘的天象叫作北极光，意思是北极的曙光。那么北极光究竟是怎么形成的呢？

随着科技的进步，北极光神秘的面纱渐渐被人们揭开。原来北极光是太阳和大气层结合的产物，大家都知道太阳可以创造许多能量，比如光和热，还有一种特别的能量被人们称作太阳风。

太阳风是什么呢？太阳喷射出的带电粒子就是太阳风，太阳风属于等离子状态，是一束可以覆盖地球的强大的带电亚原子颗粒流。太阳风的运转规律是在地球上空不断环绕地球流动，太阳风流动的速度非常快，每秒在400千米左右，产生的冲力撞击地球磁场。地球的磁场有些像漏斗，它

知识小链接

极光产生的强大的电流对长途电话线路和微波的传播影响是很大的，它可以导致电路中的某些电路受到损失，甚至可以严重干扰电力运输线路。那么怎么把极光产生的能量转换成对人们有益的能量呢？这需要学术界不断开发探究。

的最顶端正好对着地球南北两个磁极，当太阳风沿着仿佛漏斗状的地球磁场沉降的时候，分别进入到地球的南北两极。南北极的上空的大气层在受到太阳风撞击后会产生炫目的光芒，这就是人们见到的极光。南极光就是南极地区形成的极光，而北极光则是北极形成的极光。

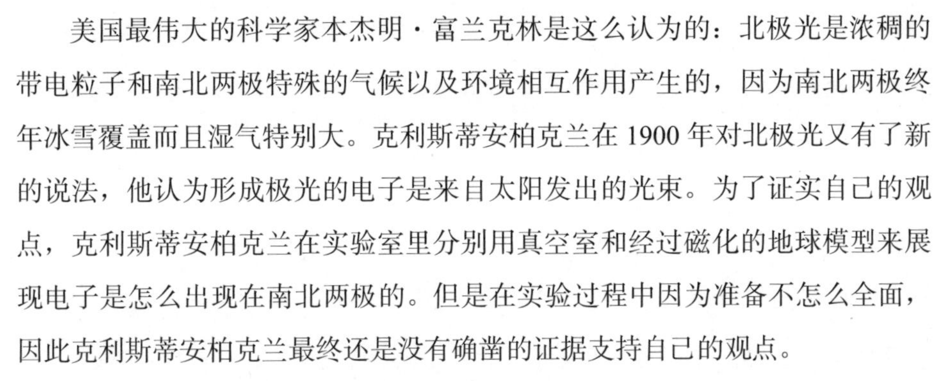

美国最伟大的科学家本杰明·富兰克林是这么认为的：北极光是浓稠的带电粒子和南北两极特殊的气候以及环境相互作用产生的，因为南北两极终年冰雪覆盖而且湿气特别大。克利斯蒂安柏克兰在1900年对北极光又有了新的说法，他认为形成极光的电子是来自太阳发出的光束。为了证实自己的观点，克利斯蒂安柏克兰在实验室里分别用真空室和经过磁化的地球模型来展现电子是怎么出现在南北两极的。但是在实验过程中因为准备不怎么全面，因此克利斯蒂安柏克兰最终还是没有确凿的证据支持自己的观点。

詹姆斯·范·艾伦和同伴们经过了一番艰苦不懈的努力，在1962年提出了破水桶理论，他们认为极光其实是溢流出来的一种辐射带。艾伦和他的同伴们通过实验证明虽然辐射带内可以获得很大的能量，可是在极光的漫射中会很快散尽。现在辐射带里的带正电离子都是高能的，而那些极光内的电子都是超低能电子。

挪威物理学家柏克兰在1890年提出这样的理论，他认为太阳距离地球大约有1.5亿千米，几乎一直不断地向地球放射物质。而在距离地球大约在5万到6.5万千

北极光

米以外的一层磁场被地球完全遮住，太阳的光线走到这层被遮住的磁场时，也会受阻，这时候太阳光便会向地球的其他方向扩散，想方设法寻找任何空隙意图钻入。最后大约有百分之一的质点会钻入到北磁场附近的大气层。每颗太阳质点可以产生1000多瓦特的电，在100千米的高空大气层中和一些原子和由氧和氮组成的分子相遇。太阳质点那些高瓦特的电能被原子吸入后，然后又会释放出极强的光，这些光在氧的作用下会发出红色和绿色的光芒，在氮的作用下会发出紫色、蓝色和一些深红色的光芒，于是这些五彩缤纷的颜色就形成了光彩夺目的极光现象。

和其他美丽的事物都是一样的，极光的美也是特别短暂的，不过极光的光虽然消失很快，不过它在大气层的能量确实非常大。科学家们通过研究发现，全世界通过发电厂所产生的电容量的总和都无法和极光的电容量先比。极光产生的能量对人们的生活也会产生很大的影响，比如无线电和雷达的信号都会受到极光的影响。

“石头会走路”的秘密

大千世界无奇不有，在美国加州有一个诡异的地方——死亡谷，这里一些巨大的岩石会沿着沙漠自己慢慢地爬行，难道这里真的有鬼吗？

死亡谷

死亡谷里的石头为什么会自己动呢？很多科学家为了解开这个谜底，进入死亡谷展开了调查，这个被称为死亡谷的神秘地带位于加利福尼亚州和内华达州的交界，这里距离拉斯维加斯很近，只有 200 多千米。死亡谷的总面积大约有 3000 多平方千米，不过这里的地势很低，其中有 500 多平方千米的土地要比海平面还低出很多。另外，科学家们发现死亡谷里的岩石很特别，不但体积很大而且形状也特别怪异，这些会走的岩石都是以直线形式缓缓穿过平坦的山谷的。科学家们还惊奇地发现，这些岩石一年可以行走大约 320 米的路程。

岩石为什么会行走呢？科学家们冥思苦想，找不到答案。不过科学家们发现死亡谷里的气候很异常，这里每到夜晚会刮起很大的风，而且风速很急，大概可以在时速 90 千米以上。随着风力的加大这里的温度也会骤然下降，以至于在一些沙漠的表层的黏土部分会结出薄薄的冰层，于是美国的科学家猜测，可能是因为异常的自然气候和环境促使岩石发生这种异象。

著名摄影师迈克·班尼多年以来一直关注死亡谷里岩石移动的迹象，他

知识小链接

为了提炼死亡谷里的金属银，有人在1875年在死亡谷建立大规模的炭窑，这些炭窑总共有十个，平均高度在7.6米，直径也有9米多。这些炭窑的造型很特别，特别像东正教的圆形尖顶，一直到今天来这里的游客走进炭窑仍然可以闻到一股浓郁的燃烧杜松的味道。

把那些巨大的、重七八十千克的岩石走路情形都拍成了照片，经过摄影师的渲染，更增加了死亡谷诡异的气氛。

后来有一些地质学家在死亡谷附近发现了金、银、铜等矿产资源，这个发现打破了死亡谷以往的宁静，世界各地许多的人蜂拥而至来这里开矿。因为死亡谷奇异的天气，这里终年干旱高温，特别是白天更是骄阳似火，导致很多贪婪的淘宝客葬身在这滚滚的黄沙之中，这真的应验了那句“人为财死，鸟为食亡”，森森的白骨更加增添了死亡谷恐怖的气氛。

20世纪80年代，有人在死亡谷里还发现了硼砂，死亡谷里似乎又热闹了许多。虽然如今已经是人去楼空，不过来到死亡谷的游人依然可以看到曾经人们在这里开矿的繁荣景象。

Part2 第二章

神秘诡异的“幽灵谷”

非洲最深的大峡谷是阿苏伊尔幽谷，古往今来无数到阿苏伊尔幽谷探险的人都是无功而返，这里究竟有多少不为人知的秘密呢？

被称为非洲第一大峡谷的阿苏伊尔幽谷，是闻名遐迩的旅游胜地。阿苏伊尔幽谷是朱尔朱拉山众多的峡谷之中最著名的一道峡谷，因为是非洲最深的峡谷，所以被人们称为“阿苏伊幽谷”。

阿苏伊尔幽谷

这里终年云雾缭绕，漫山遍野到处都是绚丽的野花、翠绿的灌木、威武的雪松以及新鲜欲滴的山樱桃等。除了美丽的自然风光外，阿苏伊尔幽谷最引人入胜的就是它的险峻，据说这里从来没有人真正踏足过最低处，古往今来无数探险家大着胆子想要解开阿苏伊尔幽谷神秘的面纱，可是都是无功而返。阿苏伊尔幽谷到底有多深呢？它的最低处到底有什么秘密呢？

阿苏伊尔幽谷

❖ 阿苏伊尔幽谷

为了寻找答案，阿尔及利亚等国的探险家共同组成了一支队伍，在1947年浩浩荡荡来到阿苏伊幽谷准备探个究竟。首先他们从队伍中找了一个身材魁梧的而且有探险经验的队员，给这个队员系好了安全带，仔细观察了一下幽谷下面没有什么异常后，这个队员顺着陡峭的山壁艰难地滑了下去。为了保证他的安全，上面的队员紧紧地拉紧了安全带。每一段保险绳上都刻有一个表示深度的记号。时间一分一秒地过去了，保险绳子的深度也在一点一点增大，100米、300米、500米。悬崖下的队员艰难地滑着，就在他滑到505米的时候，依然是深不见底，可是这个队员的身体却突然特别不舒服，为了保证队友的安全，上面的探险队员赶紧把他拉了上来，这次探险活动就这样以失败告终。

一波未平一波又起，在人们对朱尔朱拉山阿苏伊尔幽谷的谷底束手无策的时候，朱尔朱拉山阿苏伊尔幽谷的山上又发生了奇怪的事情，是什么事情呢？原来在朱尔朱拉山每年雨季的时候，都会降下倾盆大雨，落到地面的雨水被冲出几十米后就会神秘地消失在山谷里面，人们会发现这些雨水在千米之下的地方流淌出来。这个

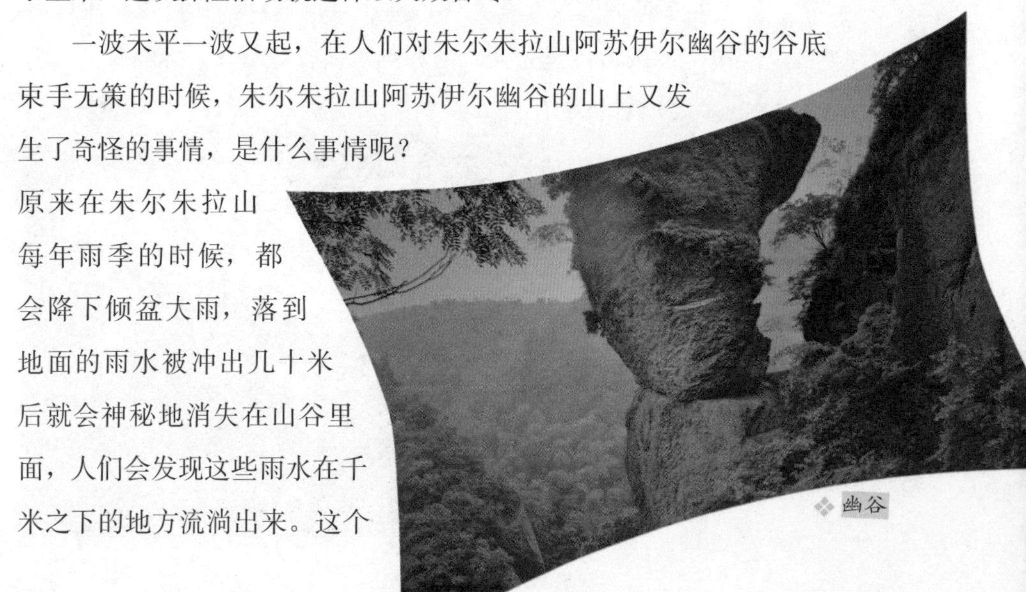

❖ 幽谷

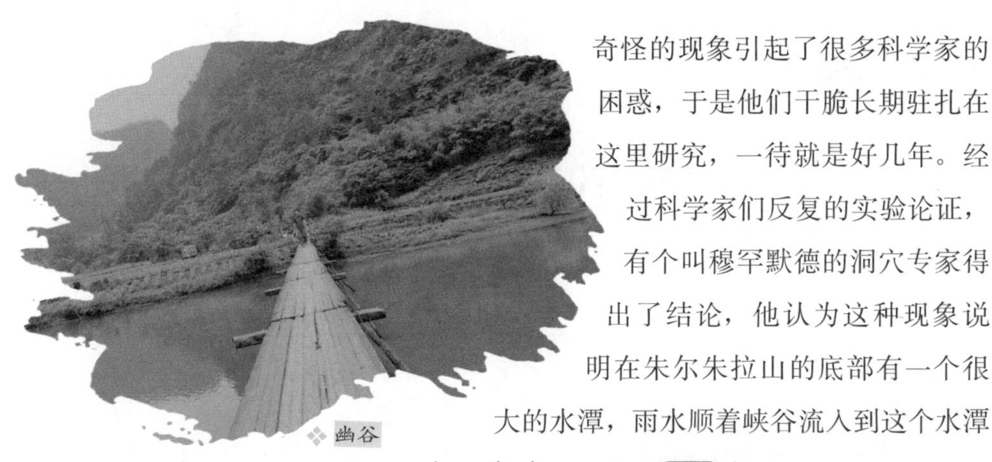
幽谷

奇怪的现象引起了很多科学家的困惑，于是他们干脆长期驻扎在这里研究，一待就是好几年。经过科学家们反复的实验论证，有个叫穆罕默德的洞穴专家得出了结论，他认为这种现象说明在朱尔朱拉山的底部有一个很大的水潭，雨水顺着峡谷流入到这个水潭中，当水潭里的水满了以后就会向外溢，于是就形成了山下奔腾的激流。然而这个原因很多科学家觉得还是有些牵强，人们要想真正解开朱尔朱拉山阿苏伊尔幽谷这层神秘的面纱，还需要进一步努力。

知识小链接

1982 年，另外一支探险队又来到了阿苏伊尔幽谷，好奇的探险队员想看一下谷底到底有什么。这次的探险比上一次要顺利，探险队员轻松地滑过了 505 米的深度，而且向着更深的谷底滑去，800 米、810 米、820 米，就在保险绳轻轻向下滑动了大约一米的时候，突然，这个探险队员心里出现了强烈的恐惧感，他甚至连向谷底看一眼的勇气都没有了，就这样这次探险又宣告失败了。

Part2 第二章

反常的季节轮回

在世界上有这么一个地方，它是世界最古老的热带花园，它是野生动物生活的乐园……

卡卡度

这个神秘的地方就是卡卡度，它位于澳大利亚的北部地区。卡卡度是世界上唯一一个有六个季节的旅游胜地，也是澳大利亚大陆一颗璀璨的明珠，在这里保存了最原始的地理风貌。

古奴莫隆是古代卡卡度的人们对即将进入雨季的季节的称呼，这个季节雨水特别多，天空中总是乌云密布，时不时地会下一会阵雨，空气中的湿度也会增加。随着雨水的增多，这里会出现水涝，一些动物会在雨水中淹死，这个季节也是植物生长的季节，充足的雨水滋润着居民播下的种子。在每年的一月份左右，随着东南

知识小链接

卡卡度是一座野生动物乐园，因为这里保持了最原始的地理风貌。在这个乐园里，生活着很多珍稀野生动物，恶劣的自然环境赋予了它们顽强的生命力，千百年来，这些动物惬意地在这片乐土上繁衍生活。根据人们统计，这里仅仅珍稀哺乳动物就有60多种。

鸟群

亚的季风从地平线那边缓缓吹来，卡卡度的雷暴天气也会增加，据说这里的雷暴天气在世界上也是首屈一指的。在强烈的电闪雷鸣中，这个季节会很快过去。

卡卡度季节的转换特别快，也许会在某一天的午后，天气骤变，卡卡度就会迎来新的季节，接下来是被当地人称为“古德杰格”的季节到来了。这个季节属于湿季，倾盆大雨会连续下几周不停歇，这个季节要持续三个多月。卡卡度会因为持续的大雨发生涨水，在涨水之前，受伤害最深的就是那些可爱的小昆虫了，特别是蚂蚁，它们会在大水来临之前抢救它们的财产。大水涨起来以后，整个卡卡度会陷入一片汪洋之中，以前那宽阔的河流也会消失不见了。

等到大雨停了，太阳出来了，预示着卡卡度又要换新的季节了，当地人民把这个季节称为“邦吉登”。在雨季结束后，卡卡度的天气会一直很好，艳阳高照，凉风习习。五月是卡卡度最繁华但也是最短暂的季节，这个季节被人们称作“叶格”。随着雨水量的减少，卡卡度进入了“伍尔金”季节，在这个季节里，许多鸟儿会聚集到变窄的河道旁嬉笑玩耍，刚刚离开妈妈的小雀雁羽翼也渐渐丰满起来，它们不辞辛劳地练习着飞翔动作，因为这个季节过后，它们就要踏上征途，飞到很远的地方去度过旱季。

Part2 第二章

淹不死人的海

死海作为地球的最低点，以其独特的魅力吸引了数以万计的游人前来感受它的神奇，死海的神奇之处在哪里呢？

游客惬意地躺在海面上看报纸

死海这个全球海拔最低的湖泊位于约旦和巴勒斯坦的交界处，整个死海长大约 80 千米，有 18 千米宽，表面积有 1000 平方千米。死海被人们称为世界上最深的咸水湖，湖水浓度很高，根据科学家研究发现，每升湖水含盐量为 300 克，是一般海水的 8 倍还要多。死海最深度为 400 多米。利桑半岛位于湖泊东部，整个湖泊被它一分为二，分割成两个大小和深浅都不相同的湖盆。随着死海向北走，北部面积比较大，占据了整个湖盆面积的四分之三，湖面深度为 410 米，和北部相比较，死海的南部的深度要浅很多，只有 3 米左右。约旦河是死海的进水口，根据研究发现，每年死海的进水量和蒸发量基本保持平衡状态，目前是世界上含盐度最高的天然水体之一。

因为死海位于约旦和巴勒斯坦的交界处，因此多年以来，它的归属权不明确。死海的交通特别不发达，这里居住的人口也很少，除了塞多姆的工厂以外就是卡利亚的几家旅店和矿泉疗养地。不过这里是天然的疗养基地，每年都有数以万计的旅客。另外，在死海的西部有一个以色列农业社区。在湖岸处还偶尔有一些小片的耕地，为这片荒芜的土地增添了一丝生机。

到死海的游客不论会不会游泳都会跟下饺子似的“扑通扑通”跳下水，知道这是为什么吗？因为死海的水淹不死人，在这里虽然动植物无法生存，但是这里却是人们养生的理想胜地。任何人在水中都会被一股神秘的力量托住，这是因为死海的水的密度比较特殊的缘故，当水的密度超过人体密度的时候，人就不会沉下去。我们经常可以在死海中看到这么一幅温馨的画面：一些游客惬意地仰躺在死海水面，一只手擎着遮阳伞，另一只手或者拿一本休闲杂志，或者拿着休闲食品尽情地享受。

死海的危险也是无处不在的。虽然死海淹不死人，可是根据科学家们研究发现，死海中的盐浓度特别高，如果不小心溅到眼里，你会特别痛苦，因

此在死海里游泳的游客要随身携带一小瓶淡水。如果死海的水不小心吞到肚子里，对胃肠也会造成很大的伤害，让人感觉恶心难受，没有食欲。另外在死海的海滩到处布满了一些大大小小的带有棱角的鹅卵石，游客如果稍不小心，赤脚走在上面就会被扎得疼痛万分。因此，死海虽然淹不死人，不过也是危机四伏的。

知识小链接

你们知道吗？死海的海水还有消毒的作用，在死海的岸边有许多带刺的结晶体，很多游客会不小心被扎破皮肤，那些不起眼的小伤口如果浸入到死海海水里，你就会有火热的疼痛感觉，伤口撒盐可能就是这种感觉吧！不过被海水浸过的伤口会很快愈合。

我们经常会看到在死海的岸边，躺着许多浑身涂满黑泥只露出两只眼睛和嘴巴的游客，其实这些游客是在做美容呢！原来有人发现死海的海水除了含盐浓度特别高，而且还蕴含了丰富的矿物质，对美容和健身的效果特别好。

如果人们常常在死海中洗澡，对关节炎等慢性疾病有很好的治疗效果，人们在死海海水中发现的这些矿物质可以起到安抚和镇痛的作用。死海的黑泥海水还是巴勒斯坦和约旦两个国家重要的出口产品呢！

Part2 第二章

幽灵一般的湖泊

罗布泊被人们称为“幽灵一般的湖泊”，你们知道是为什么吗？带你们去揭秘这个神秘的湖泊吧！

知识小链接

1958年人们在罗布泊发现了一架飞机残骸，飞机上所有人员全部遇难，经过鉴定这架飞机起初是从重庆飞往乌鲁木齐的，可是到了鄯善县上空却突然失去踪迹。是什么原因使飞机改变了正常的航线呢？这个疑问至今也没有解开；我国著名科学家彭加木为了解开罗布泊的悬疑，到罗布泊做实地考察，可是突然失踪，尽管我国出动了大量的人力物力搜救，依然是无功而返。

古往今来，很多科学家对罗布泊的发展过程争执不休。为了解开罗布泊神秘的面纱，美国宇航局在1972年7月发射的一颗地球资源卫星，拍摄了罗布泊的全貌，结果意外发现罗布泊的全貌竟然特别像人的一只耳朵，耳轮、耳孔以及耳垂一应俱全，因此人们又把罗布泊称作“地球之耳”。那么这只耳朵是怎么形成的呢？有的科学家说是由20世纪50年代后期来自天山南坡的洪水冲击而形成的，汹涌的洪水进入湖盆的时候，在经过沙漠时带走了大量的泥沙，长年累月冲击着原来的干湖盆，在水流过的地方形成了环状的条形带。

近些年来，我国科学家为了解开罗布泊的秘密也纷纷到罗布泊做了实地考察。结果在湖泊的西北隅、西南隅方向都发现了河流三角洲。这个发现论证了塔里木河下游、孔雀河水系在变迁的时候，从不同方向都把河水注入到过湖盆。塔里木盆地最低处就是湖盆，因为流入湖盆的泥沙不多，因此沉淀过程也很弱。我国科学家从这些沉积在湖底的沉积物中证明了罗布泊曾经是塔里木盆地的汇水中心，只不过湖水的方向有时候向南，有时候向北，这个

塔里木盆地

发现否定了罗布泊"游移"的说法。有的科学家说河床在干涸以后发生了微妙的地貌变化，因此一些组成部分也产生了很大的影响，"大耳朵"就是这样形成的。可是有人并不同意这个观点，总之，关于"大耳朵"的形成科学家们众说纷纭，各执一词。但是都没有确凿的证据。

罗布泊曾经因"丝绸之路"而著称于世，可是如今的罗布泊竟然成为了一条死亡之路，曾经有位高僧在西天取经的路上路过这里，在自传中是这样写道："沙河中多有恶鬼热风遇者则死，无一全者……"为了解开罗布泊的神秘面纱，古往今来，无数的科考人员和英雄豪杰葬身在这片黄沙之下……

解放军在一次剿匪战争中，一名警卫员突然失踪，可是在30年以后，一支探险队在距离这个警卫出事地点几百千米之外的罗布泊意外发现了他的遗体，至于这个警卫是怎么死在几百千米之外的，这个答案至今无人知晓。

罗布泊有宝藏的消息不胫而走，吸引了大量的寻宝者纷纷前来寻宝。其中哈密的七个人

丝绸之路

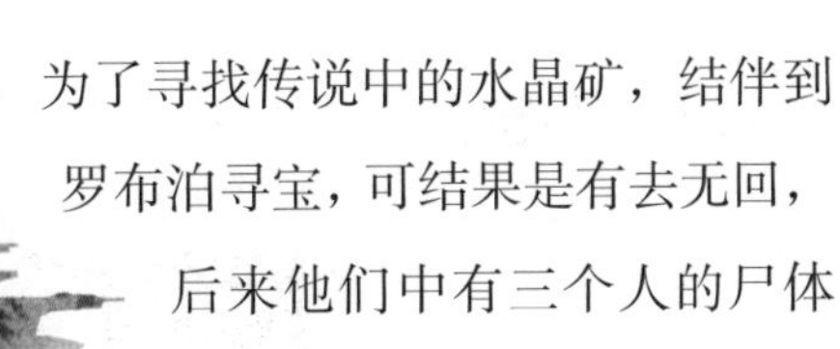
芦苇群

为了寻找传说中的水晶矿，结伴到罗布泊寻宝，可结果是有去无回，后来他们中有三个人的尸体被一支探险队发现，其他四人至今生死未卜。寻宝的路上人们一向都是前仆后继的，在1995年夏季，又有三个人搭乘一辆北京吉普车来到罗布泊寻宝，也是有去无回，其中两个人的尸体被探险队在距离楼兰10多千米的地方找到，是油尽粮绝？还是干渴而死？科学家们对他们的死因做出了种种猜测，可是他们发现车里的油还有很多，车里还有许多的水和粮食，他们究竟是怎么死的？无从得知。

据说有个国外的学者在十九世纪下半叶，在对罗布泊做实地考察的时候，曾经看到罗布泊地区并不是一片荒漠，而是一个芦苇丛生、绿意盎然的淡水湖，而细心的科学家发现这个学者描述的罗布泊的方位不对，于是他们猜测，可能这个学者发现的罗布泊并不是真正的罗布泊，因为罗布泊在19世纪以前就已经干涸了，不过也有的科学家对此做出了一个大胆的设想——罗布泊是不是一个会移动的湖泊？由于一些地理风貌的原因迫使罗布泊改变了航道，“走”到了其他的地方？于是很多到罗布泊考察的科学家就它的游移问题展开了激烈的争执，不过因为没有确凿的证据，最后争论没有产生什么结果，反而使罗布泊的身世之谜更加扑朔迷离。

Part2 第二章

陨石哪里去了?

这里是“世界第一大坑”，是陨石所为？可是坑里为什么空空如也，难道陨石会不翼而飞？

巴林杰陨石

这个“世界第一陨石坑”位于美国亚利桑那州的附近，这个巨型的坑深度有170多米，宽度有1.6千米，人们在刚开始发现这个大坑的时候，这里一直被认为是火山口的发源地，这个大坑也被认为是一个死火山口。

第一个提出这里是陨石坑的人是美国的一个采矿工程师——巴林杰，他大胆推测出了陨石坑的形成过程：大概在五万年前，一块巨大的陨石在高速撞击地球时形成了这个大坑。后来他的推测得到了科学家们的认证，并且正式将这个大坑命名为巴林杰陨石坑。

巴林杰陨石坑是当今世界上发现最早的陨石坑，产生这么大的陨石坑，可以想象当

知识小链接

什么是陨石呢？就是从宇宙撞入地球的岩石，通常情况下，岩石越大，对地球产生的撞击能力也就越强，可是为什么在巴林杰陨石坑内找不到陨石的踪迹呢？有人说因为年代久远，可能陨石被深埋入地下了，也有人说因为强大的冲击力，可能这块巨大的陨石在坠入地球之后就已经“灰飞烟灭”。

时陨石“飞”向地球的速度是非常快的。于是科学家们对陨石的坠落做了一个假想：在5万年前一颗直径大约在40米、有30吨重的小行星，以每秒25千米的速度冲过大气层，“砸向”美国亚利桑那州，强大的冲击力形成了今天这个巨大的坑。大家都知道原子弹的威力吧，在1945年8月，一颗原子弹瞬间将整个日本广岛摧毁，科学家说这个陨石坑冲撞地面的威力相当于那颗原子弹的40倍。

巴林杰陨石坑

科学家还发现，这个陨石坑特别的神秘，陨石坑内部构造跟月球表面的环形山特别像。为了适应月球的生活，在训练过程中美国宇航员会到巴林杰陨石坑内进行训练。这个神秘的坑每年也吸引了很多好奇的游客前来观看。

Part2 第二章

另类的世界屋脊

“我看见一座座山一座座山川，一座座山川相连，呀啦索那就是青藏高原……”

青藏高原

千百万年来，青藏高原巍然矗立在我国的西部，它的总面积在250多万平方千米。西藏北部高海拔地区的自然保护区，生态环境奇特，有着丰富的生物资源，是一座珍贵的天然资源宝库。这里的生态自然保护区总面积大约在24平方千米，就是在全世界也是首屈一指的。在西藏的申扎、珠峰等地的自然保护区面积也在三四万平方千米，这么大面积的自然保护区是我国内地其他保护区都无法相提并论的。千百万年来，青藏高原经历了无数的地壳变动以及季节交替的演变形成了奇特的地理风貌，这里不但有高寒草原和草甸生态系统，而且有沙漠和湿地以及

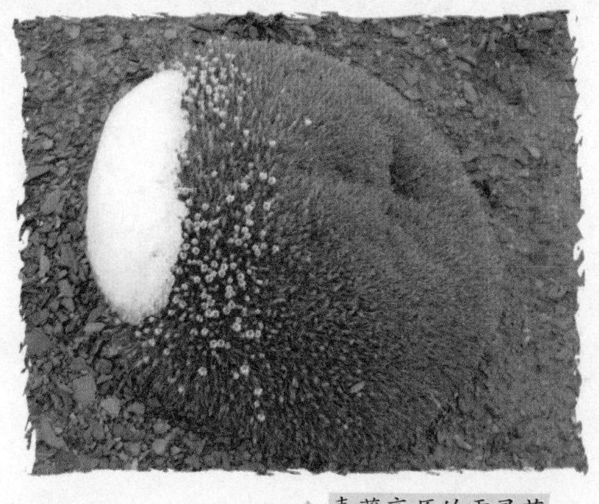

青藏高原的雪灵芝

青藏高原的布达拉宫

多种森林类型的自然生态系统，人们在这里可以看到著名的珠穆朗玛峰保护区，还可以看到一些特殊的珍稀动物保护区，比如墨脱保护区和古老的巨柏林保护点等。

在青藏高原神奇的地理风貌中除了遗留了许多引人入胜的自然景观，这里还是野生动植物理想生活的乐土呢！在这片乐土上生存了许多珍稀的野生动植物品种，为了给这些宝贝提供更好的居住环境，我国还在这里设立了野生动植物保护区，如在青藏高原东缘的横断山区为大熊猫设立的卧龙保护区、藏东类乌齐马鹿自然保护区和昌都芒康滇金丝猴保护区等。

知识小链接

说起青藏高原，大家一定会想起那首深情而高亢的《青藏高原》歌曲，在歌曲里表达了藏族人民对青藏高原的无限眷恋和深情期盼。古老而神秘的青藏高原因地域辽阔以及独特的人文景观而闻名遐迩，古往今来吸引了无数的地质探险队和科学家纷纷前来探险。

地理位置

有“世界屋脊”之称的青藏高原位于我国西南部，这里距离南亚比较近。顺着高原往西南看是蜿蜒起伏的喜马拉雅山脉，高原的东部是横断山脉，而紧挨着昆仑山脉的是青藏高原的背部，青藏高原的总面积有250多万千米。

形成原因

青藏高原是怎么形成的呢？根据史料记载，大概在两亿年前这里可能是一片海洋，随着地壳变动，喜马拉雅山脉在地壳运动中被不断抬高，从海洋到陆地然后渐渐变成了今天的高原。根据科学家观察发现，高原一直到今天依然处于活动之中。

中国地势第一级

从地图看，我国的地势由西向东好像一层层的台阶，逐步升高，而青藏高原是我国最高的台阶。我国许多著名的河流，比如长江的发源地是青藏高原的唐古拉山，而黄河的发源地为巴颜喀拉山。

年轻的高原

根据科学家们研究发现，青藏高原的涨势很有规律，其中涨势最大的是最近一万多年的时候，高原在持续猛涨一段时间以后最终成为了海拔最高的高原。于是科学家们说青藏高原是我国最年轻的高原。

他们的“家”为什么在水里漂着？

艳阳下彩色的“浮岛”是喀喀湖上一道亮丽的风景线，你们知道吗？浮岛其实是个用芦苇捆扎成的“大船”……

有世界拔最高淡水湖海之称的喀喀湖位于秘鲁与玻利维亚的交界处，这里海拔3800多米，在这片热土上生活着一群黑皮肤的人群，他们是怎么来到这里的呢？据说在600多年前，因为忍受不了西班牙和葡萄牙残酷的殖民统治，乌鲁斯族人纷纷逃了出来，在逃亡途中发现了这个地方，于是人们在这里生活了下来，并且发明了古老而又文明的“浮岛”文化……

喀喀湖

如果说南美大陆是一个用谜铺成的大陆，那么喀喀湖的“浮岛”一定是当之无愧的谜中之谜。勤劳淳朴的浮岛居民在浮岛上过着祥和安逸、自给自足的生活，饥饿的时候他们会

喀喀湖上芦苇编织的船

喀喀湖

吃一些芦苇的根部充饥，渴了他们就喝一些自己用芦苇茎酿制的酒。聪明的人们还把芦苇根用特殊的香料做成小食品给小孩子吃。如果在活动中遇到意外受伤流血，他们会在伤口撒一些芦苇的花粉止血。

乌鲁斯人为什么不使用现代文明的生活用品，是他们的交通不发达吗？其实他们距离都市并不远，但是他们更加喜欢原始的生活方式，他们不让孩子们接受先进的文化教育，而是从小跟着大人们捕鱼或者种地。他们的生活依然保留了原始的群居方式，每天他们留下一家做饭，然后其他的人负责出去寻找食物。孩子长大后不能找外族的伴侣，只能在自己的同族中选择，而且必须说自己民族的语言。

大家知道浮岛是怎么形成的吗？浮岛就是用大捆的芦苇捆扎成的大船，乌鲁斯人最初的时候是用一些芦苇和蒲草编织成非常结实的芦席，然后再做成草船，只是为了便于他们在海上捕鱼。在漫长的海上生活中，他们慢慢积累一些经验，他们发现如果把几条或者是几十条草船连在一起可以抵挡恶劣天气的侵袭，于是，智慧的乌鲁斯人就发明了浮岛。后来他们又在浮岛上建造了房屋。就这样浮岛的队伍越来越大，如今在喀喀湖上有60多个这样的岛，而且浮岛上

马丘比丘

知识小链接

浮岛是秘鲁重要的旅游项目之一，如今的喀喀湖专门完善了旅游设施，在湖中设立了40多个专门供游人使用的浮岛。刚刚登上浮岛的游客也许很不习惯，因为在岛上晃晃悠悠，脚下软绵绵的，让人不敢落脚，有一种很不踏实的感觉。在上浮岛以前，导游会提醒旅客要换上有防水功能的鞋子，因为当旅客在上面行走时，脚底会有湖水渗入。

生活设施越来越完善，比如邮局、小学等公共设施。

如今浮岛已经成了喀喀湖上一道亮丽的风景线，每年数以万计的旅客纷纷前来喀喀湖领略这奇特的浮岛生活。

和其他房子不同的是，浮岛要经常修缮，大概平均三个月就要整修一次。每隔十多天就要换上新的芦苇，如果船面的芦苇太厚，这个船就不能用了，人们就要建立新的浮岛。乌鲁斯人建造芦苇草船的过程也是游人们的一大看点，因为这种古老的文明是不多见的，千百年来居住在喀喀湖上的乌鲁斯人代代口口相传了这门绝技。在当地的语言中“喀喀”是豹子的意思，因此他们的船头会做成豹子头的样子，熟练的乌鲁斯人大概只需要六个小时就可以做好一个栩栩如生的豹子头样的草船头，可是整只草船编下来却需要六个月的时间，因此当地的男人每天除了捕鱼以外其他的时间都要编织草船。

喀喀湖

"巨人"曾经走过的路？

在北爱尔兰的海岸线上有一段神奇的"巨人之路"，大家想知道这段路是怎么形成的吗？

巨人之路

这段"巨人之路"的堤道，位于英国北爱尔兰的安特里姆平原边缘，由4万多根大小均匀的玄武岩石柱组成，这些石柱从大海中赫然竖立起来，形成几千米的堤道，场面特别壮观，"巨人之路"因此而得名。如果从空中俯视此处，整条堤道井然有序，特别是石柱的褐红色在大海蔚蓝色的背景下格外醒目，让人禁不住浮想翩翩，引人入胜。人们又把"巨人之路"称为"巨人堤"或"巨人岬"。

这些组成巨人之路的石柱大部分是六边形的，也有少量的四边形和五边形的。它们的横截面宽度差不多都在0.5米左右，蜿蜒的海岸线6千多米长。这些石柱赫然耸立在海平面上，有的高出海面6米，最高的高出海平面10多米，石柱之上还有

知识小链接

在当地"巨人之路"还有一个美丽的传说呢！据说在远古时期，为了争夺巨人的名字，爱尔兰巨人和苏格兰巨人宣布开战，为了打通道路，他们连夜把海底填平，并且开凿石柱，终于打通了一条堤道，可是在决斗中爱尔兰巨人失败，在逃跑的路上他摧毁了后面的堤道，因此直到今天"巨人之路"依然有一段残缺的地方。

巨人之路

20～30 厘米高的凝固的熔岩。也有一些矮一些的石柱，它们几乎与海平面一般平，游客如果站在这些石柱的断面上，可以清晰地发现它们的断面都是很规则的正方形。人们根据这些石柱的形状分别起许多不同的名字呢！如“烟囱管帽”“大酒钵”和“夫人的扇子”等。

巨人之路是怎么形成的呢？地质学家在对这里研究后发现，原来这段堤道是活火山不断喷发形成的，火山喷发产生大量的岩浆，后来经过千万年来风雨和海浪的侵蚀，一些石柱群受到了不同程度的损伤，于是便形成了现在高低不平的石柱林地的奇特风貌。

巨人之路

不一样的“森林”

大家见过由化石组成的“森林”吗？你们知道世界上最大的化石林是哪里吗？带你们探秘神秘而古老的化石林吧！

化石林国家公园

在世界神奇的自然景观中，分布着六片由化石林组成的“森林”。它们分别是彩虹森林、碧玉森林、水晶森林、玛瑙森林、黑森林以及蓝森林，其中最绚丽的是彩虹森林。

这些奇特的自然景观是怎么形成的呢？根据地质学家研究发现，这些森林曾经是史前最早的林木，在一亿五千万多年前由于受到地壳变动，整片森林被泥土和砂石以及一些火山灰深埋于地下。然后又经过了上千万年地质变迁，这些森林重新从地底下裸露出来，不过因为常年埋在地下，这些林木的细胞发生了很大的变化，又被溶于水中的一些成分的氧化物渲染成各种不同的颜色。在地面经历过长年累月的风雨侵袭，于是就形成了今天色彩绚烂的化石树。

科考人员在化石林的附近还发现了许多残存的陶瓷

化石林国家公园的树木

> 知识小链接
>
> 彩虹森林是化石林国家公园中最突出的一片化石林，整个森林布满了异彩纷呈的化石树。根据科学家研究发现，这些化石树是史前的一些林木，后来经过地壳变动，这些林木被大水卷入到泥土、岩石以及一些火山灰的下面。斗转星移，寒来暑往，经过无数个季节的交替，这些林木又重新裸露了出来，由于林木的细胞发生了矿化作用，这些林木就变成了绚烂的化石林了。

碎片，在对这些陶瓷的考证中发现，在15世纪左右，这里曾经生活过一群印第安人，另外一些游客在“报纸岩”上还发现了许多印第安人留下的一些石刻遗迹，这些石刻的内容非常丰富，上面有文字、很多花纹、动物的石像以及一些宗教的图案。生活在化石林附近的居民还把化石林做成了日常的生活用品，比如房屋和桥梁等。游客们可以在玛瑙桥的几个瞭望点里从不同角度观察化石林的不同风貌，放眼望去，漫山遍野，五光十色，让人不得不折服于大自然鬼斧神工的艺术造诣。

在化石林国家公园里有一处最引人入胜的景致，游客们千万不要错过哦！顺着国家公园往里走，游人会发现一条长200多米的环形路，站在路中心向下望去，你会看见漫山遍野散发出神奇的蓝紫色的光芒，特别是在阳光的映射下，这些蓝紫色更是异彩纷呈，夺人眼目，游人仿佛置身于梦境一般，如痴如醉。根据科学家们研究发现，发出这些光芒的是化石林中一些晶莹剔透的岩石晶体，尽管许多游人非常喜欢这些可爱的小晶体，可是国家公园里规定游人是不允许随便采撷的，即使是一两片也是不可以的。这是因为人们在刚刚发现这片化石林的时候，这里的岩石晶体比现在要多得多，随着游客的

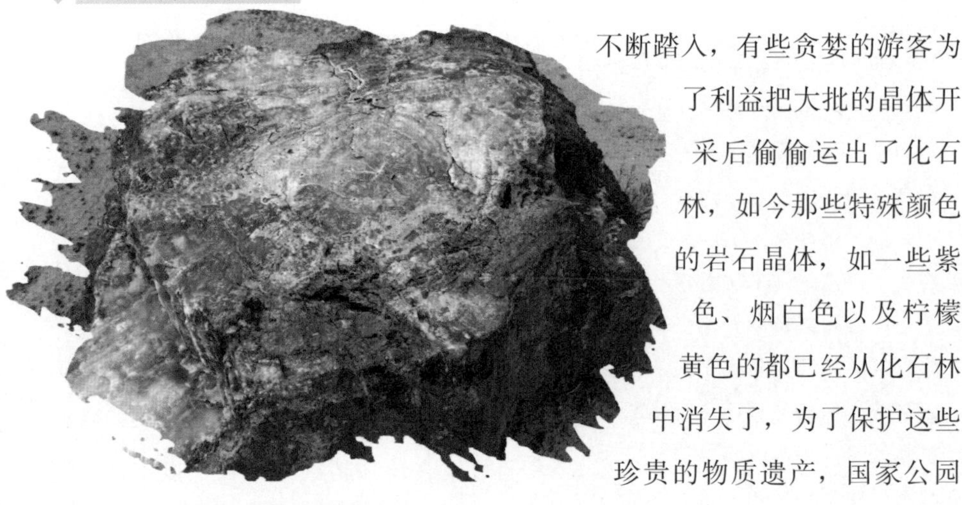
化石林国家公园的岩石

不断踏入，有些贪婪的游客为了利益把大批的晶体开采后偷偷运出了化石林，如今那些特殊颜色的岩石晶体，如一些紫色、烟白色以及柠檬黄色的都已经从化石林中消失了，为了保护这些珍贵的物质遗产，国家公园不允许游客私自带出任何一片岩石晶体。

在化石林国家公园众多的化石林中，最夺目的要属位于公园南门的“彩色沙漠”了。最初发现这片化石林的是一支西班牙的探险队，当时他们路过这里的时候，被森林中这片五彩缤纷的“岩石”震撼了，他们觉得这些明快亮丽的颜色仿佛一座七色的彩虹桥，“彩色沙漠”因此而得名。根据科学家研究发现，其实在这片彩色森林的背后只不过是一片光秃秃的沙丘地，整个沙丘只有枯燥的土黄色，了无生机。因为有了这一片异彩纷呈的化石林的点缀，原本暗淡失色的沙丘地成了一个色彩斑斓的世界。

Part2 第二章

泉水里的秘密

可能很多人会把冰岛与冰雪和寒冷联想到一起，可是在世界上有一个神奇的地方，在这里游人不但可以同时感受到冰与火共存的神奇，而且还可以看到堪称世界奇观的间歇泉。

冰岛

冰岛以间歇泉而闻名遐迩，在冰岛众多的间歇泉中，“盖策”是最出名的一个。盖策其实就是一个直径在 20 米的圆形小水池，它位于冰岛首都雷克雅未克以东 100 多千米的一个山间盆地里。间歇泉在平静的时候和普通的温泉没有什么特别之处，泉水很清澈，不时冒出腾腾的热气。然而这种平静持续的时间不会太久，一会儿池中的泉水就会开始翻滚，而且越来越激烈，然后一条水柱如蛟龙出海一般从泉底部喷涌而出，这时候间歇泉周围的空气会变得很湿润，被溅起的冒着热气的小水珠在空中快乐舞动着，一会儿间歇泉又恢复了平静，准备下一轮的涌动。目前，盖策泉在世界

知识小链接

神奇的间歇泉在世界很多地区都有分布，其中在美国的黄石公园有大小七十多个间歇泉。老信徒间歇泉是黄石公园最著名的间歇泉，它的特点就是每次泉水喷发很有规律性，而且时间也很稳定，“老信徒”间歇泉因此而得名。

间歇泉

上是首屈一指的间歇泉。

神奇的间歇泉是怎么形成的呢？根据地质学家研究发现，间歇泉的地下大都地壳运动比较活动，间歇泉喷发的能量主要来自地下炙热的岩浆，这些岩浆顺着一条很深的泉水通道促成了间歇泉的喷发。在泉水的通道里地下水被炙热的岩浆不断加热，对上面的泉水形成一定的冲力，使泉水不能自由地沸腾，只能被限制在一个很小的圈子里持续加热，当底部通道的压力达到一定程度的时候，通道里的水就会在强大的压力的作用下冲出地表，这就是间歇泉的喷发形成过程。在泉水喷发以后，地下水会处于低温状态，然后养精蓄锐，等待下一轮的喷发。

我国西藏昂仁县桑桑区的搭各加泉区，有世界上海拔最高的间歇泉，这里的海拔在 5000 多米，泉区内有四个间歇泉，其中最大的间歇泉泉口有 30 厘米。这里的间歇泉特点是特别活跃，泉水喷发没什么规律，忽快忽慢，忽高忽低，让人捉摸不定。通常情况下，泉水的喷发高度在一两米或者几十米不等，场面十分壮观，喷发时间也许是几秒钟，也许是十几分钟。泉水如果是小规模地喷发，水柱不但低而且还特别快。

第三章

植物界的吉尼斯

在琳琅满目的植物界有太多的谜团吸引青少年好奇的心：银杏树为什么是资格最老的树种？世界上最早的绿色植物是什么？世界上分量最轻的植物是什么？短命菊为什么是世界上寿命最短的植物？自然界里生长之最是谁？世界上最粗的植物是谁？……

青少年朋友们，请放下沉重的书包，和我们一起来揭秘这个植物界里的吉尼斯吧！

Part3 第三章

世界上**最长寿**的种子

在自然界中无论动植物，只要有生命就会面临死亡，你们对各种植物种子的生命又了解多少呢？

在浩瀚的大自然中，万事万物都有生老病死，这是任何人都无法改变的宿命。人是万物主宰，人的平均寿命一般是在80岁左右。有人对植物种子的寿命也做了研究，证明了植物种子的寿命通常情况下是几个月或者几年，最长的大约在十五年，最短的只有几天，甚至几小时。

古莲子

曾经有人传说在埃及的金字塔内发现了一些千年以前麦子的种子，人们把这些种子种下去后竟然还有生命力……后来证实了这些传说都是一些商人杜撰出来的荒谬的骗局，目的是为了骗取钱财。不过世界上真的有可以千年不死的种子，这个是千真万确的事实，它就是我国的古莲子。这些珍稀的

莲花

种子是1951年在我国辽宁省泡子屯村的泥炭层里被发现的，当时人们推算这些种子已经在地下沉睡了1000多年，不过它们依然有生命力。我国的科学家对这些种子做了进一步的实验，先是用小刀轻轻把古莲子坚硬的外衣划破，把它们放入水中，过了不久这些神奇的种子竟然吐出了嫩绿的幼芽。这些古莲子在1953年被种入北京植物园，没想到两年以后的夏天，这些古莲子竟然开花了，粉红色的荷花迎风招展，彰显了顽强的生命力。我国沉睡千年的古莲子被人们唤醒的消息不胫而走，吸引了许多国外的科学家纷纷前来观看，很多国外的学者还从我国带了许多古莲子的种子回国考察。

知识小链接

大家都知道，沙漠的气候和自然环境非常恶劣，普通的植物根本无法生存，白天沙漠里气温特别高，烈日炎炎，滚滚黄沙，最高温度可以达到50℃以上，整片沙漠仿佛火海一般的灼热，可是只有梭梭树顽强地迎风招展，给这片荒漠增添了一丝生机。因此很多年以来，梭梭树的精神就一直受到人们的赞扬，人们把梭梭树作为沙漠的开路先锋。

古莲子种子为什么可以千年不死呢？为了解开这个疑问，科学家们进行了不懈的研究结果发现，原来每一颗植物的种子在离开母体后，就是一个独立的生命体了。植物寿命的长短，取决于种子的本身的结构以及储藏条件的好坏。古莲子种子之所以千年不死就是因为在种子的外面有一层厚厚的保护衣，种子带着这层保护衣被深埋于地下，就仿佛深埋在一个干燥的泥潭层里。

莲花

莲花

这也就是古莲子种子千年不死的秘密。

你们知道世界上生命最短的种子是什么吗？世界上生命最短的种子生命仅仅可以维持几个小时，但是它们的生命力又相当顽强，只需要喝一点点水，在几个小时内就会重新生根发芽，这种植物比较适合气候恶劣的沙漠地区，它就是梭梭树的种子。

梭梭花

Part3 第三章

植物界的国宝是谁?

银杏树虽然不是世界上寿命最长的树种，但是在自然界中它却是资格最老的“前辈”，你知道为什么吗?

银杏果

世界上寿命最长的树种是非洲的龙血树和美洲的巨杉，可是它们却不是世界上生存时间最长的植物。世界上生存时间最长的植物树种是银杏树，它最早出现在三亿四千多万年前，那时候自然界中的银杏树中分布很广泛，在北半球的欧洲、亚洲以及美洲均有分布，后来经过地壳变动，那些茂盛的银杏树大约在白垩纪晚期开始走向衰退。随着五十多万年前的一次冰川运动，地球气温发生异常，很多植物在寒冷的天气里死去，其中也包括大部分的银杏树。如今银杏树在欧洲、北美洲以及亚洲一些地区已经绝迹，而我国的银杏树种子却奇迹般地活了下来。如今的银杏树被人们称为“活化石”，也有人把银杏树称为“植物界的国宝”。

银杏果

不过遗憾的是，如今我国的野生或者半野生状态的银杏树种也不多了，只有在江苏徐州北部、山东临沂地区、浙江

知识小链接

我国是银杏树的故乡，也是第一个栽培以及研究银杏树的国家，我国种植银杏树的历史源远流长，最早要追溯到商周时期。如今我国对银杏树实行了大面积的人工种植，在种植过程中积累了很多的经验，虽然现在其他一些国家也开始栽种银杏树，如法国和美国等国家，可是他们的树种都是从中国引进的。

天目山、湖北大别山和神农架等地区有零星分布，如今银杏树的生存也面临很多危机，比如个体比较稀少，雌雄异株，相关部门如果不对银杏树进行相应的保护或者采取改善措施，也许在不久的将来，人们就要永远和这些活化石诀别了。

银杏树的种子是什么样子的？银杏树是一种树干通直的树种，它的叶子被人们称为折纸扇，叶子颜色碧绿欲滴。科学家们在银杏树的叶子里发现了一种可以抗虫的毒素，因此银杏树可以免受虫蛀的痛苦。成熟后的银杏种子，从外面看好像杏子，通体黄澄澄的，银杏因此而得名。银杏种仁颜色是白的，而且还很硬，因此被人们称为白果。银杏的种仁是大家喜欢吃的休闲食品，可是如果吃多了会中毒的。银杏种仁除了食用还有药用的功效呢，它的主要作用是用来治疗痰喘、咳嗽。我国出产白果最多的地区是江苏的泰兴、泰州和苏州的洞庭山以及浙江的诸暨和安徽的徽州等地区。

银杏树浑身都是宝，是我国的经济植物资源之一，银杏树的树皮可以用来提取栲胶，浅黄色的木材非常轻软，是建筑、雕刻以及工艺品的最佳原材料。银杏树因为威武高大、体形秀美、树叶颜色季节交替明显而成为了园林的最佳选择，是人们用来绿化园林、车行道、公路以及防风防林的理想树种。

绿色植物的祖先

在自然界里形形色色的植物中，大家最常见的是绿色植物了，可是你们知道谁是自然界里最早的绿色植物吗？

有人说蓝藻是自然界里出现最早的绿色植物，为什么呢？科考家在南非的沉积岩中发现了蓝藻的化石，在对这些化石的研究中发现蓝藻出现的最早时间可以追溯到34亿年前，另外科考家还发现虽然经过了亿万年的历史变迁，如今的蓝藻和它们的祖先还是非常相似。

蓝藻还有一个别名就是粘藻，因为它属于原核生物，很多的蓝藻的细胞壁的外面都披了一件胶质的外衣。蓝藻是众多藻类植物中最简单也是最原始的，它虽然没有细胞核，但是它的细胞中含有丰富的核物质，这些物质的形状呈网状或者

知识小链接

可以说蓝藻化石的出现促进了人们对植物进化史的进一步了解。蓝藻中含有大量的叶绿素，它的作用是除了制造养分外还有进行独立繁殖，自然界里茂盛的庄稼、五彩纷呈的花卉以及枝叶繁茂的树木等都是由低等的藻类，历经亿万年的漫长进化而来的。

是颗粒状，在细胞质中均匀地分布着染色质和色素。蓝藻的细胞核物质虽然没有核膜和核仁但是它具备细胞核的功能。在蓝藻中还包含一种特殊的环状 DNA，在基因工程中它的作用很大。蓝色色素是所有的蓝藻都有的一种物质，这也是为什么人们把这类藻类植物称为蓝藻的原因。但是你不要认为所有的蓝藻都是蓝色的，不同蓝藻的品种所含的色素也是不一样的，它们之中所含的色素主要有叶绿素、黄素、胡萝卜素以及蓝色素等。

另外你们知道红海的颜色为什么是红的吗？那是因为在红海中生长着大量的含有藻红素的蓝藻，把海水渲染成了红色的。

“轻如鸿毛”的树木

自然界里的树木很多都威武高大，我们经常看到采伐工人们拖着沉重的木头在林子里走来走去，但在世界上有一种“轻如鸿毛”的树木。

被称为世界上最轻的木材——巴沙木生长在美国热带的森林里，这种树木有些像我国的梧桐树，不过它的体重比梧桐树还要轻得多。巴沙木属于常青树，树干笔直挺拔，叶子和我国的梧桐树差不多，它开出的花朵是淡淡的黄白色，有些像芙蓉花，特别漂亮，花朵凋谢以后结出一些果实，果实裂开的时候很像丰收的棉花。目前，巴沙木在我国的台湾南部有种植。从1960年开始，我国的广东、福建等地区也纷纷引入这个树种种植。

巴沙木制成的乒乓球拍

巴沙木木材之轻堪称世界之最。它的密度为每立方厘米只有0.1克重，相同体积的其他树木的重量是它的10倍。因为巴沙木的特性，用它制作的木筏既简便又轻巧，渔民

木筏

可以乘着它敏捷地穿梭于各个岛屿之间。另外我们生活中常用的暖瓶塞就是用这种材质制作的。巴沙木的生长速度非常快，通常情况下它每年可以长三四厘米，大约在十年后就可以成材，因此它也是人们喜爱的经济型植物。

黑黄檀的年轮

上面给大家讲了自然界里最轻的树种，你们知道自然界上最重的树种是什么吗？黑黄檀是自然界里最沉重的树种，这种树木属于蝶形花科落叶乔木，最高的可达 20 米，树的直径大约有 50~70 厘米，黑黄檀的树皮特别厚，呈褐灰色或者是土黄色，有的特别平滑，年代久远的黑黄檀树皮会大块地脱落。黑黄檀的树心很坚硬，制作成生活用品，无论人们怎么使用都不会出现变形或者开裂。黑黄檀坚硬的树心里有着漆黑细密的斑纹，这种天然的黑很有光泽，有些像黑色的大理石板。黑黄檀的用途非常广泛，主要被人们用来制作高级乐器、精美的工艺品以及名贵的家具。根据测试得知，每立方米的黑黄檀重量可达到 1000 千克，因此黑黄檀被称为世界上最重的树种。

知识小链接

我国做火柴棒用的材质是白杨，算是重量很轻的木材了，可是同体积的白杨和巴沙木相比，重量要比人家高出三倍半。别看巴沙木的材质非常轻，但是它的木材结构不但特别牢固而且消音效果很好，因此是航空、航海以及制作一些艺术品理想的首选材料。

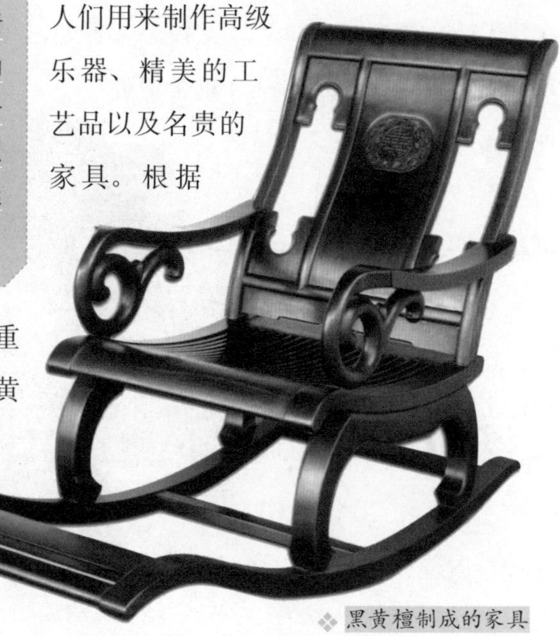

黑黄檀制成的家具

Part3 第三章

植物界的“短命鬼”

前面给大家讲了自然界的老寿星银杏树，你知道自然界中的“短命鬼”是谁吗？

瓦松

瓦松是自然界里生命最短的植物之一。提起瓦松大家可能会想到威武高大的松树，这个瓦松其实是一种草，它主要生活在瓦房顶上。在每年干旱的季节，瓦松便把种子播种在瓦沟里，这些种子寂寞地在瓦沟里等待着大雨的降临。遇到雨水瓦松种子便会很快生根发芽，然后长成迎风招展的植株，在雨季结束之前瓦松会完成开花结果的繁衍使命。随着雨季的结束，瓦松也会在干枯中死去。瓦松整个生命历程只有几个星期或者几个月。

在沙漠里也有一种生命特别短的植物，它还有一个有趣的名字——木贼。和瓦松一样木贼的种子在遇到雨水后会慢慢发芽，这些小芽在十多个小时后慢慢从土中露出小脑袋，破土而出的木贼会以很快的速度生长，它的生命历程总共不到 100 天。

大家都知道荒凉的撒哈拉沙漠终日黄沙滚滚，烈日炎炎，在那样恶劣的环境下很少有植物能存活，可是有一种植物偏偏就喜欢这种恶劣的沙漠气候，就是短命菊。短命菊又被人们称为“齿子草”，是沙漠里分布最广的植物。

知识小链接

在自然界中还有一种独特的植物——毛竹，毛竹要在生长五六十年以后才能开花，而且它的一生只能开一次花，开完花后它的生命也宣告结束。在自然界中还有一个有趣的说法——公公种树，孙子收实，其实说得还真是挺有道理的。

让我们看一下它们是怎么在恶劣的环境里生存的。短命菊和其他沙漠植物的生存方式是不一样的，沙漠里其他的植物为了适应沙漠干旱少雨的气候，通常都是用退化的叶片来保存水分的方法来生存的。而短命菊的特点却是它可以迅速生存和成熟。虽然它的生命短暂，可是它的生命生长也很快，一个生命死了，另一个生命会很快取而代之。短命菊的种子只要遇到一点点的雨水便会很快生根发芽，它的生命历程从发芽、生根、开花、结果以及死亡只有短短的不到一个月。因此被人们称为世界上生命最短的植物。

木贼

毋庸置疑，世界上生命最短的植物是短命菊，它从发芽到开花结果生命只有不到30天。在自然界中还有许多生命特别短暂的草本植物，它们出苗后都会在当年开花，当然也有第二年开花的，当年开花的植物主要包括水稻、玉米和棉花等，隔年开花的植物包括小麦和油菜等。通常情况下，木本植物比草本植物生产速度要慢，比如桃树要三年开花，梨树要四年才能开花，而素有“长寿树”之称的银杏树要等到二十多年以后才能开花。

Part3 第三章

长得最快的植物

俗话说“雨后春笋”，形象地说明了竹子的生长速度，大家知道自然界里生长速度最快和最慢的植物分别是什么吗？

毛竹

在自然界里有一种植物，被人们称为奇迹树，据说这种树每年都可以增高3米多，奇迹树主要生长在我国的云南、广西以及东南亚一些地区。轻木是一种生长速度比奇迹树还快的木本植物，据说它一年可以长5米高。大家不要惊讶，其实自然界里生长最快的冠军还要属毛竹了，毛竹的生长速度可以用飞速来形容，它仅仅两个月时间就可以长到20米之高。特别是在生长高峰，遇到雨水毛竹一个晚上就可以长1米，雨后春笋的说法也是这样来的。

尔威兹加树

自然界里其他的木本植物生长方式是和竹子不一样的，通常情况下，木本植物的生长方式是先慢慢加粗、伸长幼嫩的芽尖，生长需要一个挺漫长的过程，有的几年有的也许要几十年甚至几百年，你们知道自然界里生长速度最慢的植物是谁吗？尔威兹加树是一种生长在撒哈拉里沙漠中的植物，从外表看，尔威兹加树仿佛放在沙漠里的一个小圆桌，它的个子很矮，树冠圆圆的，特别可爱。据说尔威兹加树是世界上生长速度最慢的树，它的身高一百年才能长30厘米，和竹子的生长速度比起来简直是九牛一毛，有人说尔威兹加树生长速度慢是因为沙漠恶劣的环境，这里终年干旱少雨，而且风沙又大，这些都严重影响了尔威兹加树的生长。

竹笋

知识小链接

大家知道竹子的生长速度那么快的秘密是什么吗？根据观察发现，竹子的身体是由一节一节组成的，它生长的时候是一节节拉长的。通常情况下，竹笋的竹节数与直径决定了长成后的竹子的竹节数和直径。竹子在长到一定的高度后就不会再长了。

植物界最“威猛高大”的树木

有人把树木的高大形容成“古木参天”，可是你们知道自然界里谁是最粗壮的植物吗？

大家都知道大自然界里有许多高耸入云的参天古树，比如直径有12米的“世界爷”，它主要生长在北美地区；还有被称为“大胖子树”的猴面包树，直径足有10多米，它主要生长在非洲。可是它们要是和百骑大栗树比起来，那无疑就是耗子和大象。下面带你们认识一下这种庞大大物吧！

猴面包树的果实

百骑大栗树是世界上最粗壮的植物，这种植物又被人称为“百马树”。百骑大栗树树干笔直，直径可达到17米，周长有55米左右，不仅在木本界里它是最粗的，就是在自然界里它的粗壮也是无出其右的。其实百骑大栗树正式的名字是欧洲栗。它最初生长在欧洲，另外在非洲北部和亚洲西部也有一些分布，百骑大栗树的果实又被人们称为甜栗，是一种坚果，它的树干笔直挺拔，木质优良，是建筑和家具以及细木工板最佳的选材。百骑大栗树还有一个别

百年大栗树

百年大栗树

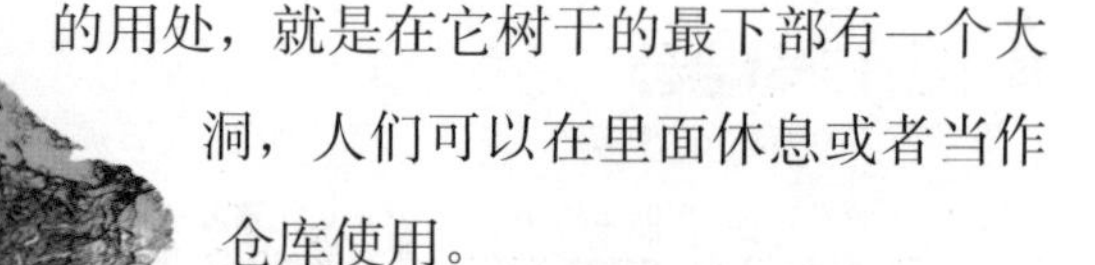

的用处，就是在它树干的最下部有一个大洞，人们可以在里面休息或者当作仓库使用。

百骑大栗树为什么被称为自然界里最粗壮的植物呢？这主要与它的生活环境有很大的关系，它主要生长在地中海西西里岛的埃特纳火山的山坡上，这里海拔很高，有3300多米，目前是欧洲最高的活火山。这座火山相当活跃，根据史料记载自公元前475年发生一次大喷发以后，就再也没有消停过，仅仅在1500年以后160多年里就喷发了71次。频频的火山爆发给附近的居民带来了深深的恐惧与灾难，然而每次火山喷发产生的大量的火山灰却肥沃了这片土地，在这里生长了郁郁葱葱的绿色植被。特别是在埃特纳火山的半山坡上更是一处引人入胜的世外桃源，很多木本植物在这里茁壮成长，如栗树、山毛榉、栎树、松树和桦树等。在这片肥沃的乐土上还生活着一群勤劳而善良的居民，人们主要用来维持生计的是遍布山麓的各种果实，葡萄、油橄榄、柑橘、樱桃、苹果……这里的空气特别好，果香怡人，人们的脸上洋溢着丰收的喜悦。见证了无数次火山喷发的百骑大栗树就位于这片乐土的山脚下，它仿佛这座火山的守候者，虽历经沧桑，但始终对它“喜怒无常”的主人不离不弃。百骑大栗树以其庞大的气势吸引了数以万计的游客纷纷前来观看。

百骑大栗树来源与一个美丽的传说，西班牙的

猴面包树

知识小链接

百骑大栗树因为树干粗壮被列入《吉尼斯世界纪录大全》，目前世界上最粗的有三棵树，1972 年在对百骑大栗树树干测量中得知，它的周长是 50.9 米，其他两棵树分别是墨西哥东部瓦哈卡州的一棵墨西哥落羽杉和非洲大陆上的一棵猴面包树。

阿拉贡王国在中世纪的时候统治了西西里岛。有一年夏天，阿拉贡王和他 100 多名随从路过埃特纳火山脚下的时候，突然下起了瓢泼大雨，因为雨势太急，他们一时找不到避雨的地方。正在这时候阿拉贡王发现在附近有一片茂密的“树林”，于是阿拉贡王带着百余名随从匆匆来到林子里避雨，可是走到跟前一看，惊讶地发现这片森林其实是一棵参天大树。只见这棵树树干特别粗壮，有 30 多个随从上前去抱才刚好能抱住，随着树干向上看，整个树冠仿佛一个巨型的大伞，树叶浓密看不到天空，将阿拉贡王和他百余名随从都遮于伞下。百骑大栗树因此而得名。

Part3 第三章

“独木成林”是怎么形成的？

人们通常说独木难成林，意思形容做什么事情需要团结，可是在自然界中有一种植物却可以做到独木成林，它是谁呢？

❖ 千年榕树

这种神奇的植物就是榕树。榕树为什么会形成独树成林的奇观？目前世界上已知的榕树品种有8000多种，它们主要生活在热带或者热带雨林地区。我国有100多个榕树品种，其中在云南西双版纳地区分布的榕树品种约占我国榕树品种的一半。在热带植物区系中榕树是最大的树种之一，它具有热带雨林植物的显著特点，如板根、支柱根、绞杀、老茎结果等。其中在我国西双版纳生长的40多种榕树中有17种有大板根，还有26种能形成各种气生根或者支柱根。大家也许不知道，在东南亚热带雨林中的一个特殊现象是榕属植物的绞杀现象，独树成林的特殊景观也就是一些榕树

❖ 榕树

独树成林的榕树

从绞杀阶段向独立阶段过渡时期形成的一种现象。还有，榕树的树冠大得让人叹为观止，有人在孟加拉国的热带雨林中发现一株巨大的榕树，这株榕树郁郁葱葱，遮天蔽日，仿佛一片由无数棵树组成的森林一般。从榕树的树枝上向下垂挂着4000多条支柱根，就这样，柱和根相连，而柱和枝又相托，枝叶慢慢向外扩展，如此形成了一片“茂密的森林”。这棵榕树巨大的树冠所笼罩的面积可以达到10 000多平方米，大概可以容纳千余人在树下乘凉。

榕树还被一些当地的民族当作圣神之物，在世界各地还形成了许多榕树文化呢！经过科学家们研究证明榕树浑身都是宝，有的榕树还是不错的美味佳肴呢，这些榕树就是生长在我国西双版纳地区的木瓜榕、苹果榕、厚皮榕、高榕、聚果榕、突脉榕、黄葛榕等。木本植物还是很好的养生食品，因为木本植物蕴含了丰富的维生素、矿物质以及一些纤维素和苦味素，特别是这些纤维素和苦味素，如果因为食物吃多了不消化只要吃一些榕树，保证你药到病除。木本植物还是傣族人们最好的民族药用植物，因为他们认

千年榕树

知识小链接

榕树种子的萌发力很强，受风雨和一些来往飞鸟的影响使它们附生在母树的身上，主要靠摄取妈妈的营养，然后长无数条悬垂的气根，这些气根的生命力特别强，可以从潮湿的空气中吸取水分，着地后它们就会变成支柱根，这样就形成了场面庞大的独树成林的气象。

为，吃这些野生的木本植物可以延年益寿，百毒不侵。另外一些爱美的女士吃了可以保持轻盈的身材。榕树是人们最常用来为人们治病的药用植物之一，人们主要用它们的根、树皮、叶和树浆等部位。

在我国还有一株古榕树，它生长在广东省新会县环城乡的天马河边，这棵榕树整个树冠巨大，几千人在底下乘凉都没问题。我国的榕树大多数分布在台湾、福建、广东和浙江的南部等地区，在这些地区里无论田间还是路旁都是一排排榕树迎风招展，许多来往的村民或者游客可以肆意地在它们巨大的树冠下乘凉或者避雨。另外榕树还是我国福建最主要的木本植物，因此福建省会福州有“榕城”的美称。榕树的种子呈扁圆形，大小不过1厘米，人们可以当作干果食用。

Part3 第三章

森林的长寿冠军

在浩瀚的自然界里，古木参天，遮天蔽日，可是你们知道自然界里谁是“长寿冠军”吗？

龙血树花

也许大家会说红杉、猴面包树、澳大利亚桉树以及被称为“世界爷”的巨杉，因为它们之中年龄最大的可以活到五千多岁，即便年龄最小的也可以活到4000多岁，也许和普通的树木相比它们算是寿星了，可是在非洲俄尔他岛人们发现了一种可以活到8000岁的植物，它就是龙血树。

最早发现这株老寿星的是著名的地理学家洪堡德，他在1868年对这里进行考察的时候，无意中发现了这棵神奇的植物。在当时这棵树刚刚经历了一场暴风雨的侵袭，主干在与暴风雨搏斗中被折断，而洪堡德正是通过主干的断裂处推算出了这棵古树的真实年龄。这棵树是目前世界上发现的年龄最大的古树，用高耸入云来形容它一点都不为过，它的身高足有18米，仅仅主干直径就有5米，就连主干最上部折断的直径也有1米。

龙血树是一种珍稀树种，迄今为止全世界总共发现了150多种，这个树种在我国南方的热带雨林也有分布，我国仅仅有5个品种。龙血树的生长周

知识小链接

龙血树的名字是怎么来的呢？龙血树最早发现于非洲西部的加那利群岛，在当地关于龙血树还有一个美丽的传说，很早以前大象和巨龙都是自然界里的“巨人”，为了争夺地盘，它们发生搏斗，在搏斗中巨龙受了伤，血流了一地，然后就长出了这种植物——龙血树，龙血树因此而得名。

期特别长，要长成一棵树需要几百年的时间，开一次花就需要几十年，因此龙血树是世界珍稀植物之一。

龙血树还有特别重要的药用价值。人们发现龙血树在受伤以后会和人一样流出暗红色的“血液”，根据研究发现，龙血树的“血液”具有很好的止血功能，它还是远近闻名的中药材呢！在医学上龙血树的“血液”被称作“血竭”或“麒麟竭”，主要用来治疗筋骨痛痛。龙血树的“血液”还有另外一个作用，龙血树的树脂在古代的时候被人们用来做储存尸体的主要原料，因为我国人们在很早就发现了龙血树的树脂有防腐的作用。

自然界里除了龙血树可以流血外，在我国也有一种会流血的树，它是谁呢？它生活在我国云南和广东地区，这种树被人们称为胭脂树，因为如果你拿刀轻轻在树干上一划就会流出像胭脂一样颜色的液体。另外，这种树的种子也特别奇怪，在种子的外面披着一层肉乎乎的外衣，这层外衣的颜色特别明艳，是一种很实用的天然染料，因此人们又把它们称为红木。

Part3 第三章

好吃不生病的“糖”

糖是大家生活中喜欢吃的食品，特别是馋嘴的小朋友，可是你们知道我们吃的糖都是哪里来的吗？

甘蔗

我们平时吃的糖大部分是从一些植物中提取的，如甘蔗和甜菜等，可是糖虽然好吃，但是也给人们的身体健康带来很大的危害，因为经过科学家测量发现，这些食物中的糖分所含的热量和脂肪都过高，而这些是导致糖尿病和肥胖的主要因素。为了找到一种更加健康的糖，科学家们经过不懈的努力终于发现了一种绿色、天然、健康的植物——甜叶菊。

最初发现甜叶菊的人是日本的住田哲也教授，他在南美洲考察的时候在巴西和巴拉圭交界处海拔500~1000米的高山草地上，发现了这种含糖量特别高的绿色植物。据说这种植物在每年的九月会开出白色的小花，漫山遍野，花香袭人。在当地，这种植物被人

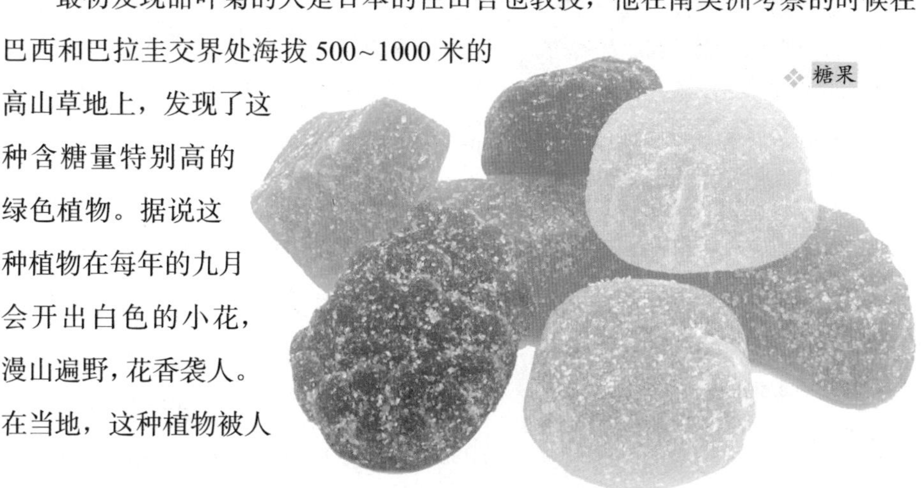

糖果

甜叶菊

们当作天然的饮品，用它泡出的水不但甘甜而且芳香，因此甜叶菊被当地人称为“甜草”或者“蜜菊”。住田哲也教授尝试将这些野生植物带下山人工栽培，结果发现这种植物的生命力相当强，生长速度特别快。甜叶菊在第一年就可以长到80厘米，在第二年长到2米高。甜叶菊最大的好处是可以重茬生长，一年可以收割四五次。

自然界的事物永远一山还有一山高，最近人们又在自然界里发现了一种比甜叶菊还要甜的植物——凯特米。凯特米生长在西非塞拉利昂到刚果民主共和国的热带雨林中，这种植物有两米多高，果实在成熟后呈三角锥形，凯特米一年可以收获两次。这种植物在当地除了被人们当饮品还被用来作糖料食用。其实，最早发现凯特米的是英国一名外科医生，他曾经向人们介绍过凯特米的功效，可是并没有引起人们的关注。后来人们为了追求健康、绿色的糖类原料，无意中想到了凯特米。科学家们经过对凯特米细致的研究，发现凯特米的甜度竟然比普通的食糖要高出三千多倍，于是凯特米一时间被戴上了“甜王”的桂冠。

知识小链接

另外，科学家们研究还发现，甜叶菊的含糖量要比普通的植物高出接近300倍，一亩甜叶菊的产糖量相当于20亩甜菜，因此甜叶菊是一种经济型植物。甜叶菊还被人们亲切地称为“健康长寿之糖”。科学家们在对甜叶菊研究时发现，甜叶菊虽然含糖高，不过它所含糖的热量只有普通食糖的1/300，即使吃多了对人体也构成不了什么伤害。

在热带森林里一些科学家又发现了一种草本植物，这种植物叫作“西非竹芋”，它们的叶子又宽又大，在接近地面的地方开花结出红色的果实。经过研究发现，这种植物的含糖量是普通糖类的三万多倍，难道这是世界上最甜的植物吗？当

西非竹芋

然不是，接着科学家们又在非洲发现了一种藤本植物，它结出的浆果是红珊瑚色，从外形看仿佛野生的葡萄，科学家从它果实里的种子里提出的物质进行了研究，发现含糖量竟然是普通糖类的九万倍，而且这些含糖量很高的果实不但不腻人，还能在口腔里长时间保留一种甘甜爽口的味道，于是人们给它们取了一个有趣的名字——喜出望外果。

Part3 第三章

种子里的“巨无霸”

如果问世界上最小的种子是什么，也许很多人会回答芝麻，可是你见过比芝麻还要小好几倍的种子吗？

芝麻是我们生活常见的植物种子，也是我们认为最小的植物种子。有人做过实验发现1千克的芝麻种子大约有25万粒。可是在自然界里比芝麻小的种子却是数不胜数，5万粒的烟草种子和5万粒的芝麻种子放一起相比较，烟草种子只有7克，而芝麻的种子却有200克。不要以为烟草的种子是最小的，还有一种比烟草的种子还要小很多的四季海棠的种子，5万粒四季海棠的种子只有0.25克，这样算起来一粒芝麻的种子相当于一粒四季海棠种子的上千倍。不过这些都不是自然界中最小的种子。

黑芝麻

白芝麻

自然界中最小的种子是谁呢？在自然界中有一种种子仿佛微尘一般，不仔细看根本看不清楚，5万粒种子仅仅有0.025克重，迄今为止它是自然界里人们发现的最小的种子。它就是斑叶兰的种子，这些细小的微生物有着简单的构造，生命力特别弱，一点点意外就容易夭折，但是它们的传播性很强，这一点有点像蒲公英

斑叶兰

的种子，身轻如燕，到处随风飘扬。斑叶兰的种子的生命力虽然薄弱，可是它们的数量却惊人，那些被带出去的种子到处生根发芽。

上面给大家讲了最小的种子，那么自然界里最大的种子有多重呢？在上海市2007年的春季花展中，一个庞然大物引起了人们的注意，这是一个大约有50厘米长、重10千克以上的复椰子种子。这颗种子不但体积大而且模样还特别怪，在种子中央有一道深深的沟壑，仿佛是一个又大又圆的臀部，因此复椰子也被人们称作臀形椰子。

复椰子是一种怎样的植物呢？这种植物最初生长在塞舌尔共和国的普拉斯林和克瑞孜岛，它的生长速度特别慢，要生长20~40年才能开花结果，因此它的种子特别珍稀。据统计，目前全世界总共才有1200粒复椰子的成熟种子。复椰子的花和其他植物的花朵不一样，尤其它的雄花开得很大，直径足有80厘米。复椰子在当地被人称为“爱情之果”，因为它们通常是雌雄并肩成长，如果其中一株出现意外，另一株也会在“忧郁”中死去。

知识小链接

物以稀为贵，因为树种生长速度慢，种子的产量很稀少，目前复椰子已经成为了非洲塞舌尔国的国宝，每颗种子的价格达到2000多美元。塞舌尔总统勒内访华时复椰子曾被视为最为珍贵的礼品馈赠给我国领导人。

复椰子种子

Part3 第三章

巨杉为什么被称为“世界爷”？

在7000多万年以前，在自然界有一种分布很广泛的参天大树，它的树干粗大挺直，高耸入云，知道它是谁吗？

巨杉

这种树木就是巨杉，曾经在北半球分布很广的树种，可是后来随着冰川运动，地壳也发生了翻天覆地的改变，漫山遍野的巨杉渐渐走出了人们的视线，直到在100多年前，在加利福尼亚州的内华达山脉西坡人们发现了一些在灾难中存活下来的巨杉。

巨杉树虽然高大威武，但是巨杉树的种子却非常小，据说25万粒种子加起来的体重还不足1千克。巨杉的果实大约要两年才能长成，幼年时期的巨杉生长很快，两年左右就可以长到80厘米，直径在90厘米。

巨杉

巨杉树因为独有的特性有许多称呼，如“世界爷”“稀木”“猛犸树”“加利福尼亚松”等。迄今为止世界上最大的巨杉树大约有142米高，在树干的最粗处可达到12米，据说这么大的直径，一辆轿车也能轻松地开过去。美国人在100多年前刚发现这种树木的时候，还不知道它的名字。关于巨杉树名字还有许多故事呢！英国人为了纪念在滑铁卢击败拿破仑的英军

知识小链接

在很多人的意识里，化石是已经绝灭的生物，其实这种看法是不确切的。化石是地球上曾经有过的生物，曾经很繁荣，甚至散落于地球的任何一个角落，因为某些原因淡出了人们的视线，后来被人们重新发现它们的生长足迹，物以稀为贵，人们便把这些珍稀的生物统称为“活化石”。巨杉就是被人们称为活化石的稀有物种。

统帅威灵顿将军，在1859年给这棵巨大的树命名为“威灵顿巨树”；而美国人当然不认同巨树的名字是英国统领的名字，于是美国人也给巨树取了个名字，索性称它为“华盛顿巨树”。后来经过世界科学家们研究之后，给巨树正式取了一个名字，就是巨杉。巨杉树令人眼花缭乱的年轮向人们展示了它们家族7000万的兴衰荣辱。在世界科技馆里摆放着一个用巨大的巨杉树做的菜墩，根据树干的年轮推算，这棵巨杉树大约有2550岁的高龄。

据说北美的红杉是巨杉的近亲。红杉树的叶子不但细而且特别长，形状呈羽状交互排列，四季常绿。和巨杉相同的是，红杉树也有高大挺直的树干，目前发现最高的红杉树超过104米，这棵树被人称为“长叶世界爷”，目前生长在美国西部加利福尼亚州北部海岸的红杉国家公园中。巨杉和红杉一样都披着无比坚硬的外衣，另外，它们耐高温和抗病虫害的能力非常强，因此可以免受自然环境的影响。红杉树的生命力特别强，即便是树心里面都腐烂了，可是树干依然可以保持完好，一些附近的居民常常来这里放养鹅，在遇到狂风骤雨的天气，可以把空空如也的树心当作鹅的临时家园。

巨杉和红杉树的木材具有纹理清晰、美观大方的特点，因此被人们用作高级建筑或者制作木器的首选材料之一。

Part3 第三章

植物界最庞大的“精子”

在生物界中，精子是用来繁衍后代的工具，可是你们知道吗？不仅动物有精子，植物的精子你们见过吗？

苏铁

精子是什么呢？精子是雄性生物用来繁衍后代的生殖细胞，通常情况下，精子的个体很小，肉眼看不太清楚，在植物界里有一种植物的精子是最大的，它就是苏铁。

苏铁的精子大约有 0.3 毫米大，从外表看有些像陀螺，在它的前端长着一环一环的鞭毛，这些精子很活跃，经常在苏铁的花粉管里自由地浮动，精子在与雌花的卵子结合后发育成胚胎于是就形成了小苏铁。

苏铁是一种怎样的植物呢？经常听人说“铁树开花”，苏铁就是人们所说的铁树，它是一种常绿树，树干挺直，最高可达到 20 多米。苏铁的茎干呈圆柱形，除了遭到意外会在伤口处萌发出一些枝芽，它通常情况下是不分枝的。苏铁的叶子是从颈部生出来的，叶子的形状是羽状。刚刚生出的叶子有些内卷，慢慢长大后会向后斜着展开，长成后的叶子边缘有些向后翻卷，叶片不但厚硬，而且特别有光泽。叶子的顶部有些尖，一些细密的绒毛在叶子的表面。在底部的一些小叶仿佛一些小刺。苏铁是雌雄异株，大约在每年的 6 月~8 月开花，雄性花是圆柱形的，微微带一些黄色，皮层布满了黄褐色的

知识小链接

目前全世界的苏铁主要分布在印度尼西亚、中国和日本的南部地区。苏铁具有很好的观赏价值，如果人们误食铁树的种子会引起食物中毒，出现抽筋、呕吐、腹泻以及胃出血等症状，最好的处理办法是让患者服下铁树的茎髓和淀粉解毒。铁树的叶子味道甘淡，具有很好的药用价值，主要被人们用来散瘀、止血，在临床上对吐血、尿血、便血、月经过多、跌打肿痛等症状有很好的治疗效果。

小绒毛，这些可爱的小家伙神气地挺立在苏铁的颈部。而雌性花是扁球形的，在上半部是羽状分裂，下部两侧各自结出 2~4 个小胚球。每年的 10 月是苏铁果树成熟的季节，苏铁的种子稍微有些扁，体积很大，成熟后的种子会变成红褐色。

铁树名字是怎么来的？其实在一些热带地区，年满 20 岁以上的苏铁，每年都可以开出绚丽的花朵。苏铁的木质密度特别大，特别是下水后的树干，体重跟铁一样，铁树因此而得名。

Part3 第三章

千岁兰长寿的秘密是什么?

千岁兰是沙漠里最长寿的植物，它终年生长在干旱贫瘠的沙漠地区，是一种生命力特别强的植物，你们知道千岁兰千年不死的秘密吗？

千岁兰

沙漠中最长寿的植物就是千岁兰。千岁兰是古老的裸子植物，它生长在干旱贫瘠的沙漠地区，是一种生命力极强的植物。它可以活2000多年，因此称为千岁兰。很难想象千岁兰是如何在沙漠地带生活的。据科学家考证，千岁兰是通过叶片吸收大气中的雾或雨水来获取水分的。它有两片像牛皮一样厚的叶子，而且终生只有这两片叶子。叶尖在沙漠地上不断磨损，叶的茎部却在不停地生长，能开出艳丽的花朵。

千岁兰的生长环境

向来有世界上最古老、最干燥沙漠之称的纳米布沙漠位于安哥拉和纳米比亚边界，这里气候恶劣，终年干旱少雨，每年的降水量平均不超过25毫米。来自大西洋的阵阵风暴仿佛给纳米布沙漠投放了烟幕弹，这里每个月总

> 知识小链接
>
> 在等待雨季到来的日子里，千岁兰会把它长长的叶子展开，吸纳空气中潮湿的空气或者叶片珍稀的露水。韦尔威特希是著名的植物学家，他在考察纳米布时，被千岁兰顽强的精神深深震撼了，并且由衷地说："我坚信这是南部非洲热带生长的最美丽、最壮观、最崇高的植物，是非洲最不可理解的植物之一。"

有那么几天会被浓雾笼罩。

千岁兰为什么会适应这里恶劣的环境？根据地质学家研究发现，千岁兰的根部有一大部分深深地扎在沙漠深处的砂石中，有一小部分裸露在黄沙之上。在自然界里，特别是在气候恶劣的沙漠上，千岁兰岁是生命最长的植物了，它的一对叶子可以存活数十年，甚至数千年，因此千岁兰又被人们称为千岁叶。

千岁兰还有个有趣的别名——"沙漠章鱼"。你们知道是为什么吗？沙漠里恶劣多变的气候，千岁兰不但要经受狂风暴雨的侵袭，还要经受炎炎烈日的暴晒，千岁兰的两片叶子在自然环境的不断蹂躏下，由于严重缺水，千岁兰丰满的叶子会渐渐枯萎，但是千岁兰叶子的根部却在不断长出新的部分。这样那些枯萎叶子的叶脉会被沙漠强烈的风暴撕扯成破布条状，随风摇摆，从远处看，仿佛一只只张牙舞爪的大章鱼在沙漠上爬行，"沙漠章鱼"因此而得名。另外，千岁兰在这荒漠的沙漠里除了要忍受自然的侵袭，它还是沙漠里一些动物们的美味佳肴呢！经常在沙漠上出现这种画面，在狂风肆虐的日子里，千岁兰任凭饥饿的动物们啃噬着自己的身体，依然傲然地挺立着。

千岁兰能够屹立沙漠千年不死的秘密还有一个，就是它独特的代谢方式。在黑夜里千岁兰的叶片可以排放二氧化碳，这个功能在白天是完全封闭的。这样在很大程度上避免了体内水分的流失。千岁兰的身上有许多值得研究的

千岁兰的花朵

千岁兰

地方，如与灾害气候的抗衡能力以及对干旱区和沙漠的开发利用等。千岁兰的存在为人类战胜沙漠提供了宝贵的资料，相信在不久的将来，人类通过努力，一定会将这片荒漠变成真正的绿洲。

第四章

神奇的海洋世界

从海洋中第一个有生命力的细胞诞生到今天，如今已经有二十多万种生物生活在海洋中，其中有四万多种海洋植物、十六万种海洋动物。这些林林总总的海洋生物共同打造了一个富丽堂皇的水族世界。如果你有机会潜入到海底，会发现不一样的神奇世界，在海洋中到处充满了大大小小的生物，从威武凶猛的鲨鱼家族到肉眼几乎看不到的浮游生物，以及绚丽多彩的藻类生物……

大海有深度吗?

经常听到大人们说孩子是“不知道天高地厚的家伙”，可是其实他们也不知道天有多高，海有多深。

随着人类科技文明的发展，人们对浩瀚的海洋也产生了越来越多的疑问。海究竟有多深啊？这个问题一直纠结着古往今来的科学家们。随着如今科学技术的发展，上天入海已经不再是遥不可及的梦想了。科学家们为精确地测量出海水的深度，采用了“回声定位法”的方法，就是先用发声器向海底发射出声波，声波就会在触及海底以后自动返回来，这样科学家可以根据反射回的声波的时间与速度，推算出海洋的精确深度。

海水的深度究竟是多少？经过科学家们的不懈努力，人们已经掌握了大海深度的规律性。大陆距离海洋中心越远，大海的深度也会越深。大陆架是大海与陆地相连接的，这一段为浅水区，水深大约是在 200 米上下。顺着大陆架往里走是大陆坡，这里因为海底地势突然变陡，海水的深度也会加深，大约会增至到 2500 米。

大洋盆地

大洋盆地的地形是全球海洋中深度最高的，它的深

知识小链接

在远古时候，人们对海水也曾经做过测量，可是因为那时候科学技术特别不发达，测量方式很不规范。据说哥伦布曾经对海的深度做过测量。他先是在绳子的下端系了一个金属框，然后将绳子扔进了海里测量，这根绳子的长度是 800 米，可是结果的绳子根本没有触及到海底，失败而归的哥伦布索性下了一个结论说海水的深度只有 800 米。

度在 4000~6000 米之间，因为大洋盆地的边缘地带有一些又深又狭长的海沟，所以这里的深度可以达到 6000 米以上。迄今为止全球最深的海洋是太平洋的马里亚纳海沟，它的深度大约在 11034 米。

从科学家测量的这些数据人们知道大海的深度也是有一定规律的，整个大海仿佛一个大盆，大海的深度从盆沿开始到盆底会越来越深。

Part4 第四章

其实海不是蓝色的

站在海边放眼望去，一片蔚蓝色很是壮观，可是当你把海水放在手心会发现，其实大海是无色的，大海的蓝色从何而来呢？

大海为什么是蓝色的？人们用肉眼看到的大海的颜色并不是大海真正的颜色，那是大海对太阳光反射的光芒。当太阳光直射到海面，除了一部分光被反射回去，还有一部分被折射进海水里。这些折射进海水中的太阳光在传播过程中被海水吸收，大家都知道，太阳的颜色有很多种，其中红色和橙色和黄色都被大海吸收进去，我们在夏天到海边可以感觉到海水灼热的温度就是因为这些阳光的作用。当太阳光线传播到一定程度后，绿光也会被深深地折射进海洋的深处。这样暴露在海面

二道海

盐的制作过程

知识小链接

根据科学家研究发现，长期饮用海水的人比不饮用海水的人死亡率要高很多。因此人们要走出饮用海水的误区，饮用海水不但不能给身体补充水分，反而会导致人体脱水，严重时危及生命。

的颜色就只剩下了蓝色和紫色，当这两种光在海水分子的作用下就会折射进入到我们的眼睛，这就是为什么我们会把无色的海水看成蓝色的原因。

大海为什么是咸的，大家会说因为海水中有盐，你们知道这些盐是怎么来的吗？

大约在很早以前，大海的味道是酸性的，可是大陆上的土壤和岩石中含有很多盐分，海水在太阳光的作用下变成水蒸气，然后这些水蒸气变成云，于是天空就开始不停地下雨，雨水溶解了土壤和岩石中的盐分，并且渐渐流入到了大海里，于是大海就变成了咸的。但是海水是不能作为食用水饮用的，因为海水不符合人们饮用水的标准，如果大量饮用会直接影响到人体的生理功能，甚至还会引起中毒。

Part4 第四章

吃人的“怪圈”

在北极有这么一段神秘的水域，每当有考察船路过这里就会被一股神秘的力量控制，难道真的有水怪出没吗？

神秘的力量干扰考察船

弗里德约夫·南森是挪威的探险家，为了寻找传说中的“北极陆地”，他在1893年率领他的“弗拉姆”号考察船队穿行在北冰洋巨大的白冰上，突然考察船的速度慢了下来，显然是船遇到了障碍物，可是经过观察，海上一点风也没有，而且船周围也没有任何的障碍，是什么神秘的力量干扰了考察船的航速呢？接下来又出现了更怪异的事情，南森发现考察船突然脱离了人的控制，一会儿转向、一会儿拐弯，甚至突然会在原地转圈……船上的船员出现了恐慌，都认为是遇到了传说中的水怪。可是过了一会儿，当船驶离了那片奇怪的水域之后，一切又恢复了正常。

“弗拉姆”号考察船

科学家揭秘“水怪”现象

南森是世界上著名的科学家，在科学领域有着卓著的贡献，可是他对于自己在北极遇到的怪圈现象，却是苦思冥想，不得其解，后来他给这个现象

知识小链接

科学家在对死水效应的研究中发现了水层界面，水层界面的发现对科学家进一步了解海洋有很大的帮助。比如在平静的海面上，游泳的人会突然感觉划水吃力，这就是死水效应的作用。同时不同水层产生的水层界面可以促进科学家对海洋动力学的更好了解，比如海水污染的程度，还有会下沉到多深的海水中。

取了一个名字——“死水效应”。死水效应引起了一些物理学家的强烈兴趣，他们对于死水效应展开了激烈的讨论，有人认为奇怪的怪圈与海水的盐度和密度有关系。因为海水是咸的，海水的密度自然也就大，而北冰洋上冰川的水是淡的，当冰川融化会产生比海水密度要小很多的淡水，这样在无风无浪的情况下，淡水肯定会浮在海水上面，久而久之就会在海面形成一个很大的淡水层，而海水从海面到海底的含盐量和密度也是不一样的，一段水域海水会出现两三层盐度和密度各不相同的水层。也许考察船是驶入海水密度大的那段水域，因此速度出现异常。

这个结论虽然有一些道理，可是为什么南森的考察船会出现船舵失控的现象呢？这个问题至今依然无法解答。

Part4 第四章

恐怖的“海底坟墓”

人迹罕至的荒岛，跳水落难的运动员，戴着脚镣的尸体……是魔窟？还是地狱？海底下还有多少不为人知的秘密呢？

挪威风光

在挪威沿海处有一个人迹罕至的小岛，这里三面都是一望无际的水域，一面是陡峭的悬崖。这里虽然地势险峻，可是却是探险家梦想的乐园。在1980年大约有30名跳水高手相约来这里准备举行一次空前的跳水比赛。为了观看这场精彩的比赛，这一天有很多人赶到这里，一切准备就绪，他们紧张地等待着这一场比赛的开始。随着裁判员一声枪响，30名运动员迅速跳了下去，他们在空中自如地展示着自己优美的动作后，陆续钻入了海水中，观众们意犹未尽为他们欢呼着。可是几分钟过去，半个小时过去了……

挪威风光

知识小链接

豪克逊对这些尸体的身份做出了解答，他说在多年前这个半岛也许是一座监狱，囚犯因意外死去后就会被直接投入海底。

30名跳水运动员一个都没有从水面里出来，这是怎么回事呢？观众们惊慌失措地在水面上张望着，尽管人们出动了大量的救生艇和潜水员到海中搜救，可是一无所获。

第二天，人们找来了经验丰富的潜水员，并且佩戴了潜水设备准备潜入深海搜救，可是当安全绳索放到大约5米的时候突然被一股强大的力量拖进了海里。潜水员和岸上的人失去了联系，人们向救生部门发出了求救，瑞典抢险救生部门派出了一艘微型的勘查潜艇，然而在沉入海底后也是再也没有上来。

这究竟是怎么回事？难道这个海域是个吃人的魔窟吗？为了解开这个谜底，著名地质学家豪克逊亲自来到这里调查，豪克逊乘坐一艘海底潜水调查船，在电视探视器前仔细地观察着。突然，他在离船不远处的水域发现了一股强大的漩涡，30名运动员、两名潜水员以及那艘微型潜艇都静静地躺在那里，另外他还发现了惊人的一幕，这里还有许多脚上戴着镣铐的尸体。

豪克逊被惊呆了，他完全不敢相信自己的眼睛了，可是监视器录像机却把这些恐怖的画面都真实地记录了下来。

挪威风光

为什么这些本领高超的运动员会葬身海底？这些脚上拴着铁链的尸体的身份是什么？他们是在什么时间死亡的？人们纷纷提出了各种疑问。经过现场取证和细致的调查，豪克逊对这些疑问做出了自己的见解。他认为卷走运动员的那股神秘的力量是因为这片海域奇特的地理位置，这里刚好处在冷暖交流地带，冷暖交流会产生一股强大的力量，海域附近的物体都会被这股强大的力量卷入漩涡。为什么这些尸体没有腐烂呢？豪克逊认为这片水域的水特别清澈，不具备使尸体腐烂的元素。豪克逊的这些推理虽然有些道理，可是没有确凿的证据，那么这座海底坟墓里还埋着什么不为人知的秘密呢？这就需要人们不懈地探究来解开这个秘密。

Part4 第四章

被“染色”的海洋

有人说红海的海底生存着的大量藻类生物把大海染成了红色，也有人说是太阳光的作用将红色的山峦映射到了海面……那么这片神奇的红色海域究竟是怎么形成的呢？

你们知道红海是怎么形成的吗？红海大约形成于4000万年以前，非洲和阿拉伯大陆隆起的板块发生分裂，千万年来，这些裂谷逐渐被海水淹没，但是板块始终没有停止运动。一直到今天看上去比较齐整的红海两岸还是以每年10毫米的速度反向移动，这种情形和大西洋的形成过程几乎是一样的。地质学家说如果红海照这样的速度移动，大概在两亿年以后红海就会和大西洋一般大了。

知识小链接

红海这片狭长的水域将横跨西非毛里塔尼亚与非洲中部戈壁滩的大沙漠一分为二，荒凉的海岸和争奇斗艳的海底世界成了强烈的对比。大自然的能量真是无限的，两亿年前这里还是一小片洼地，而今天却成了繁荣昌盛的热带深海，大概在不久的将来这里会变成一片美丽富饶的海洋。

红海

红海海底地壳运动，除了可以使红海两岸的河水不再流入红海外，分离板块的火山活动增多还可以导致红海水温增高，据说红海水温达59℃，已经达到地球海洋温度的极限。

珊瑚礁

在全世界众多的海洋之中，红海的水是最咸的，你们知道是为什么吗？根据检测红海海水的含盐量可达到4%以上，这是因为红海地处沙漠地带，每年不但干旱少雨，而且海水的蒸发还很快，这样就形成了红海的海水浓度特别高的特性。如果不是印度洋的补给，恐怕红海在很久以前就会变成一片盐碱地。特别是在雨季过后，红海的海平面会降到全年最低点，这时候海岸一些裸露在外面的珊瑚礁会大面积地死亡。

科学家们还在红海附近发现了15个“深潭”，这些深潭的用途是什么呢？这些深潭就是一些温度特别高、盐浓度特别高的溶蚀坑，经过科学家们研究发现，这些深潭里蕴含了丰富的矿物质，特别是海水浓度竟然是普通海水的30000倍。根据估计，仅仅9米以上的土层蕴含的铁、锰、铜和锌的物质价值就在20亿美元以上，这足以说明红海是一个巨大的宝藏。

珊瑚礁

你们知道吗？红海还是海洋生物的乐土呢！由于全球

气候变暖，随之红海海水也比以前暖和了很多，世界上最壮观的珊瑚礁就聚集在了红海陡峭的海岸线上。这些珊瑚礁大约在6000~7000年前形成，目前红海中已知177个珊瑚品种，在向南2500米的赤道海域是海洋生物的聚集点，通常情况下，这里的礁区特别拥挤，即使一些很小的地方也有20多种珊瑚在这里生活。据说这个礁区生活着上千种鱼类。其中有姹紫嫣红的鹦嘴鱼，它们的特点是牙齿比较发达，可以轻易咬碎大片的珊瑚，喜欢吃一些营养丰富的海藻、海星等海洋生物。还有大小各异的隆头鱼科，有50多种，最小的有两三厘米长，而最大的将近两米，隆头鱼喜欢在一些比较深的水域活动，平时吃一些软体动物充饥。

鹦嘴鱼

Part4 第四章

海洋是人类的故乡吗？

有人说古猿是人类的始祖，可是也有人说这个地球在最早期是一片蔚蓝色的大海，那么最早期的人类是生活在山上还是海洋里呢？

人类来源于海豚有证据吗？首先人类与普通灵长类最大的不同是人类身体光滑无毛，却有丰富的皮下脂肪，这种特征特别适合海洋生活。其次是人类自身不能调节对盐的需求，通常情况下，人类调节体温主要是通过“排汗”，显然这是一种浪费盐分的表现。而普通灵长类动物不但不需要排放汗液，而且还有强烈的对食盐摄入量的渴求机制。因此可以说，最早的人类应该是从海洋中走出来的，因为只有海洋才有丰富的盐分。最后，普通的灵长类动物不喜欢水中生活。综上所述可以看出，人类来源于海猿的说法成

知识小链接

人类源于猿还有一个传说。据说还没有人类的时候，一场大水将非洲东北部以及北部的土地都化为一片汪洋，为了适应海洋生活，古猿类就化身成了海猿。大水在400万年以后渐渐退去，海洋又被还原成平原，回到陆地的海猿在漫长的生活中演化成了人类。这就是人类祖先海猿说的过程。

立，而不是从普通灵长类动物演化来的。

为什么有人说人类起源于海豚？有人把人、猿和海豚做了形象的比较来论证人是从海豚进化来的。首先人类喜欢玩水，而猿讨厌水。人们会游泳的技能仿佛是与生俱来的，特别是人可以轻松自然弯曲的脊柱，比较适合在水中生活，这一点是猿不能相比的，因为猿猴的脊柱是不能向后伸的。其次是人的躯体光滑无毛，而只有头上的毛发比较浓密，这一点和海洋哺乳动物相似。还有一件有趣的事是，人类抒发情感是通过眼泪来宣泄，可是你们发现了吗？其实海豚也是会流泪的。最后，人类喜欢吃海鲜，如鱼、虾还有一些海藻等，而猿却不喜欢吃海里的东西。

地球上除了人类还有许多动物的水性都是很好的，有人说在最早期，这个地球其实就是一个水球，地球上所有的生命其实都是从水里走出去的。也许把人比喻成河马会很不礼貌，被比喻的人也会很不高兴，可是一些科学家在对人类和一些动物相比较中，发现人类和河马以及一些鲸类动物很相似。于是，科学家们就做了一个大胆的推想，也许远古时期的人类在水中真的有一个家园，后来随着一些地壳变动，然后经过上亿年的演化才形成今天的人类。

有人说人和猿其实是一个祖先。大约在800多万年以前，在非洲茂密的森林中居住一群树栖动物，后来这种动物不知道因为什么原因，后来分成了两支，其中一支进化成了灵长类，然后慢慢学会了用双脚行走，而且脱掉了

猿的进化过程

满身的体毛，变得体态丰满，成为大脑发达并且拥有自己语言的人类；另一种依然留在森林中就是我们今天看到的现代灵长科动物。那么当时究竟是什么原因使人和猿分道扬镳而进化成不同的样子了呢？有的科学家认为是他们的生存环境的影响，那些留在森林的动物生活环境依然是在树上，没有什么改变；而另一支来到了非洲的大草原生活，为了适应平原生活，身体也发生了一系列的变化。首先是直接用脚行走，因为只有站立起来，才能更好地观察猎物以及发现危险，另外因为站立所以腾出了双手，他们可以用双手来捕捉猎物。为了躲避燥热，于是他们退掉了浓密的体毛。

Part4 第四章

最善良的鲨鱼

在浩瀚的海洋中生活着一种温顺的庞然大物，它就是鲸鲨。和海洋中其他巨型动物不同的是，它不但不伤人，而且还特别喜欢和人做朋友呢！

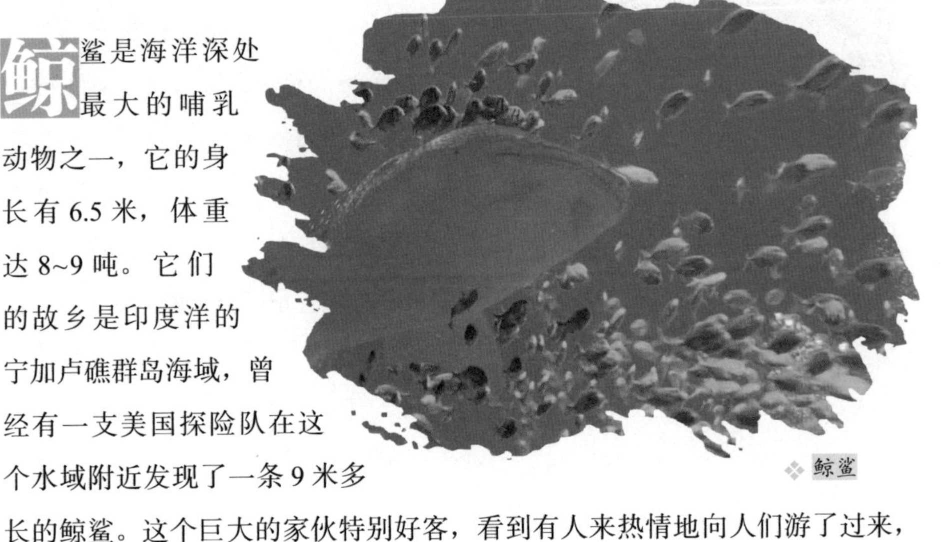

鲸鲨

鲸鲨是海洋深处最大的哺乳动物之一，它的身长有6.5米，体重达8~9吨。它们的故乡是印度洋的宁加卢礁群岛海域，曾经有一支美国探险队在这个水域附近发现了一条9米多长的鲸鲨。这个巨大的家伙特别好客，看到有人来热情地向人们游了过来，科学家们惊奇地用手试着触摸这个庞然大物，然后鲸鲨不但没有敌意，好像还特别享受人们的抚摸呢！这只鲸鲨静静地浮在水面，从远处看上去仿佛一艘木制的潜水艇。科学家们争先恐后地趴在了它的身上，手里还紧紧地抓着它的背鳍，它不但不生气，还托着科学家们悠闲地在海面上游

死后的鲸鲨

知识小链接

目前鲸鲨的故乡已经被开发成了闻名遐迩的旅游胜地。可是许多贪婪的人为了追逐利益，利用鲸鲨的温顺善良对它们大肆捕杀，因为鲸鲨全身都是宝。如果不对其采取相应的保护措施，这些温柔可爱的鲸鲨就会永远地离开人们的视线。

玩。这段人类和鲸鲨的宝贵画面被摄影师拍了下来。

据说鲸鲨的性格会随着年龄的增大而越来越温顺，通常情况下，它们生活在海洋的最深处，深居简出，因此人们很少能看到它。比较起来小鲸鲨胆子就特别小，十分惧怕人类，看到有人会远远地躲起来。而那些大鲸鲨对前来探望的人们很友好，有些摄影师甚至把摄影机放进它们的嘴里拍摄，它们也不会生气，还会张大嘴巴由着人们摆弄。在日本，鲸鲨被人们视作是福星的代表，据说人们在下海以前如果能够看到鲸鲨，便会认为肯定会满载而归。因为只要鲸鲨出没的海域，鲸鲨就会带来大量的浮游生物，而这些浮游生物是金枪鱼等最喜欢的食物。

吃鱼的鲸鲨

“爱交朋友”的海葵

高雅芬芳的菊花是人们喜爱的花卉之一，可是你们知道在浩瀚的海洋中也有一种“菊花”似的动物吗？

如果游客乘潜水艇在海底可以看到一个别样的水族世界，这里仿佛是花的海洋，各种颜色的菊花景象争奇斗艳。也许没人会把这些怒放的菊花与动物联系到一起。可是它们并不是真的菊花，它们是腔肠动物家族的海葵，因为长得酷似菊花又被人们叫作海菊花。

紫色的海葵

海葵是一种什么样的动物呢？大家都知道海蜇吧？一种人们非常喜欢的食物，海葵和海蜇都是一个家族的成员，它们没有骨骼，不能行走，有着圆筒形状的躯干。它们身体的一段有一个裂开的口，这就是它们的口盘，人们见到盛开的菊花口盘周围长的许多的触手。这些触手的功能是可以用来捕捉食物或者对付敌人。目前全世界的海葵种类有1000多种，这些不

保护鱼的海葵

> **知识小链接**
>
> 近年来，科学家们发现海葵还有很重要的药用价值。海葵可以治疗很多种疾病比如白血病、肿瘤以及对人体心脏还有强收缩的作用呢！科学家们还从海葵身上提取了抗凝血剂，比普通药物的药效要强 10 多倍。

同品种的海葵颜色还有形状也特不相同，它们中最大的身体可达到 30 厘米，口盘是身体的两倍多。而小的仅仅只有 0.05 厘米，口径只有 0.2 厘米，尽管这些海葵的个头小，不过它们的寿命可以达到几十年甚至上百年。虽然海葵没有腿脚，可是它的朋友却特别多，据说海洋中的“小霸王”螃蟹也是海葵的好朋友，海葵在这些好朋友的帮助下，经常悠闲地在海洋中“散步”！

你们知道吗？海葵其实是海洋中的用毒高手呢！也许很多人都会被海葵五彩缤纷的假象所迷惑，可是你们千万不要用手去触摸海葵的“花瓣”，因为像菊花花瓣一样的触手是海葵的致命武器。平时这些触手的毒刺都藏在囊里，当遇到食物的时候，这些毒刺便会自动射向目标，中毒后的猎物会在瞬时间被麻醉或者死亡，这时候海葵上前尽情地慢慢享用。不过海葵的毒刺仅仅是用来对付敌人的，它对朋友特别友好，因此在海洋中海葵有许许多多的好朋友，如海绵、海胆、蛤贝、水螅等一些小动物都是海葵最好的朋友，它们在险象环生的海洋中仿佛一个大家庭，相互帮助，相互依偎。在海洋中有一种温柔善良的鱼，它们是双锯鱼也被人们叫作小丑鱼。它们长得却是很漂亮的，在它们的身体表面布满了彩色的斑纹。爱美之心人皆有之，当然动物也是，双锯鱼漂亮的外观博得了海葵的好感，它们成了特别好的朋友。双锯鱼甚至把海葵的触手当作自己的家，在里面住了起来，有的是新婚夫妇，有的是携儿带女，为了方便双锯鱼找到自己，在双锯鱼出去旅游的时候，海葵也会默默等候双锯鱼的归来。

海葵

寄居蟹

海葵还是“侠肝义胆”的勇士呢！海葵经常保护海洋中一些弱小的鱼，一些小鱼也喜欢偎依在海葵的身上，不管是吃饭还是睡觉。而海葵心甘情愿地做它们的保护神，如果有动物想要伤害这些小鱼，海葵便会第一时间向敌人射出毒箭。大家知道寄居蟹吗？寄居蟹喜欢把家安在海洋中一些死去的海螺壳里，它们像蜗牛一样，一生都会背着这个沉重的壳慢慢爬行。最有趣的是它们背负的贝壳上都会趴着一两只海葵，寄居蟹不但不赶跑它们，反而还会把它们作为上宾一样对待。甚至哪个寄居蟹换新家的时候，还会把旧家上的海葵小心地移动到新的螺壳上，是寄居蟹有怀旧情结吗？当然不是，原来寄居蟹一直是把海葵当作自己的免费保镖。因为寄居蟹没有什么抵御敌人的本事，因此常常受到其他动物的欺负，而海葵身上有让敌人闻风丧胆的毒针，每当寄居蟹遇到敌人的时候，趴在屋顶的海葵便会射出毒针把敌人一针毙命，然后两个家伙上前美美地享受一顿大餐。

海葵的作用有很多。因为外形五彩缤纷，因此被人们移到水族馆里，引来了许多的游客观赏。海葵的口感还相当的不错呢！海葵的味道特别鲜美，被人们当作美味佳肴，可是你们在吃海葵的时候一定要选好，不要选那些颜色鲜艳的吃，因为海葵有着和蘑菇一样的毒性，如果吃不好，会食物中毒的。

紫色的海葵

喜欢“吐烟雾”的墨鱼

大家对墨鱼都不陌生吧？墨鱼因味道鲜美、营养丰富成了人们的美味佳肴，可是你们知道为什么墨鱼的肚子里都是黑色的“墨汁”吗？

墨鱼是鱼类吗？墨鱼虽然被人们称为鱼，可是它们却不是鱼的家族成员。和海洋动物不同的是，墨鱼的脚长在头上，因此人们又把它们称为“头足类”。墨鱼肚子里的墨汁是人们在吃墨鱼时的最大困扰，可是你们知道吗？其实这些墨汁是墨鱼用来对付敌人的致命武器呢！在墨鱼遇到敌人的时候，它就会喷射出黑色的液体，顷刻间它的周围就会被一片黑色笼罩，这些墨汁还有致人麻痹思维的作用，因为这些黑色的烟雾形成的轮廓和墨鱼背身的体形特别相似，因此敌人会产生幻觉，觉得墨鱼在瞬间突然增大，这时候无论多么凶悍的敌人也会眼花缭乱。墨鱼在喷发墨汁之后这些黑色的烟雾会在水中保持10多分钟，墨鱼完全有充足的时间逃之夭夭。墨鱼就是凭着这超凡的本领可以在险象环生的海洋躲过一个个的危险。

墨鱼

墨鱼因为本领超群，无论是在深水区还是浅水区都有它们的地盘。然而墨鱼的黑色墨汁仅仅在浅水区可以对付敌人，在潜入海下几百米或者几千米的海域，因为没有太阳光的照射，水域里漆黑一片，伸手不见五指。这时候墨鱼黑色的墨汁便失去了作用，可是你们不要担心，墨鱼还有其他宝贝呢！原来墨鱼的身体可以自动调制一种会发光的细菌，这种细菌在海水的作用下，会产生一些亮晶晶的烟雾，敌人会因为突然无法适应这些亮光而发生混乱，墨鱼乘机溜之大吉。

墨鱼的家族还有许多成员，如鱿鱼和枪乌贼等。虽然一个家族，但是它们的长相却不同，鱿鱼被人们叫作“开眼族”，因为它们的眼角膜有个小孔，而和鱿鱼相反的是枪乌贼，它被人们称作“闭眼族”。它们家族里的成员最大的特点是都有长长的脚，枪乌贼的脚要比鱿鱼的脚小很多，身体特别像一个标枪头，有着狭长的躯干。枪乌贼的身形特别敏捷，在海洋中穿梭起来仿佛一支枪头，因此被人们称作“枪乌贼”。它们平时喜欢生活在距离岸边近一些的水域，每年的春天它们会和伙伴们一起在岸边产下宝宝。枪乌贼刚产下的卵会被一些棒状透明胶质鞘紧紧地连在一起，白花花的，特别好看。

❖ 枪乌贼

在人们的印象中，乌贼的个头都不大，但是你们错了，有一种生活在深海的大王乌贼，它的个头可是惊人的。

大王乌贼生活在深海中。在许多国家的航海文明中都有海妖的传说，如克莱根。它们的长相和乌贼都十分相似。现代人们对大王乌贼也有一些支离破碎的认识。有些海员在海上值夜班的时候，曾经看到乌贼长达 20 多米的触手在甲板上横扫，那些能够被捉到的物体被统统卷到海里，第二天，人们发现被几排牙齿咬穿的铁桶挂在船舷上。二战期间，美国海军一艘重达数千吨的驱逐舰在夜航时突然发现速度减慢，却查不出任何故障，当人们把它送进船坞修理时，才发现它的螺旋桨已经被触须卷成了一团废铁。

知识小链接

世界上最大的乌贼不是大王乌贼，而是大王酸浆乌贼。大王酸浆乌贼是世界上最大的无脊椎动物，同时也是深海中活跃的掠食者。大王酸浆鱿几乎没有天敌，未成熟的幼体以及成体的大王酸浆鱿唯一的天敌是抹香鲸。大王酸浆鱿是动物界中拥有最大眼睛的生物。他们的大眼睛主要用于对付自己唯一的天敌——抹香鲸。

大王乌贼是世界上已知体型最大的无脊椎动物之一，一般幼年的大王乌贼体长8~10米，成年的大王乌贼可长达20米，最大的大王乌贼能长到80米甚至更长，重达50吨。它们的眼睛大得惊人，直径达35厘米左右；吸盘的直径也在8厘米以上。大王乌贼生活在深海，白天在深海中休息，晚上游到浅海觅食，以鱼类为食，能在漆黑的海水中捕捉到猎物。它经常要和潜入深海觅食的抹香鲸进行殊死搏斗，抹香鲸经常被弄得伤痕累累。

小不点为什么会称为“老寿星”？

舌形贝是人们在沙滩上经常看见的一种小硬壳动物，别看它们小，可是它们却是海洋世界中非常有名气的活化石，让我们来认识一下！

舌形贝

最早的舌形贝家族大约诞生于四亿五千年前，是目前生物界中最早的物种。舌形贝的外形长得就像一粒黄豆芽，上半部分是一个椭圆形的贝壳，在贝壳的下面伸着一根半透明的肉颈，特别像黄豆刚刚发出的芽，“海豆芽”因此而得名。并不是所有贝壳的生物都是贝类家族的成员，舌形贝就是一个特例，它的家族是腕足类。舌形贝的身体结构很简单，它的肉茎很发达，可以在海底的任何水域钻孔穴居。在小小的壳体里，舌形贝分别有开肌、闭肌、侧动肌、前伸缩肌、后伸缩肌 5 对半肌肉，而且它们的肌肉系统分工也特别明确。

舌形贝的胆子和它的外形一样小。它们平时不怎么走出洞穴，呼吸空气和摄取食物都是依赖外套膜上方的三根管子，不过它们也会偶尔小心翼翼地弹出小脑袋看一下外面的风景，但是只要有一点点的风吹草动便会即刻 躲进洞中，然后把双壳紧紧关闭。应该说在险象环生的海洋世界，

知识小链接

尽管人类对海豆芽的出身有很多争议，可是有一点是可以肯定的，就是从古至今海豆芽的身体的大小没有发生变化。因此科学家又有了新的疑问，它们之所以长寿是不是因为经过数亿万年，它们身体始终没有发生变化呢？

舌形贝既没有坚硬的外壳也没有攻击能力，用这种保守的办法保护自己应该是一种聪明的选择。

很多生物学家认为，在通常情况下，一个物种的历程大约会在300万年，而一个属的历程也不会超过8000万年。即使再强悍的动物也逃不过沧海桑田的自然巨变，然而微小的舌形贝竟然可以存活四亿五千年，这不得不说是生物界的一个奇迹。那么舌形贝生存的秘诀是什么呢？它是不是有什么特异功能啊？尽管科学家们苦思冥想可是还是无从得知。

生物界里的任何物种的形成都要经过一个漫长的进化过程，而海豆芽却是个例外。经过科学家研究发现，今天海豆芽的身体形态和四亿多年前几乎是一模一样。因此有人说海豆芽的生长违反了物种正常的进化原则，这显然否定了著名生物家达尔文提出的进化论。可是也有一些科学家认为，这个与达尔文的进化论没有什么关系，人类看到的海豆芽化石也许不全面，或许现在的海豆芽的软体组织和生物化学物质已经发生了很大的变化，不过人类没有足够的证据而已。

Part4 第四章

长途跋涉它们去了哪里?

提起龙虾大家一定会想起餐桌上的美味佳肴，可是你们知道这些龙虾在险象环生的海洋里是怎么生活的吗?

龙虾的个头很大，身长大约在50~75厘米，从外表看龙虾长得威风凛凛，满身披着坚固的甲壳，在头部和胸部还长了一些坚硬的刺棘，仿佛一个手持钢枪、身披盔甲的武士。可是你们知道吗?其实龙虾只是徒有其表，在海洋中它们连基本的防御能力都没有，根本无法保护自己。那么龙虾是怎么在海洋中生存的?

龙虾

自古以来，龙虾的生活方式很奇怪。它们喜欢幽灵一般独自行动，为了繁衍后代两只龙虾会共同生活一段时间，在产下宝宝以后，便会分道扬镳。它们神秘的生活方式引起了生物学家们的好奇……

每年的隆冬季节，数以万计的龙虾纷纷聚集到海边的沙滩上，它们紧紧地挤在一起，好像在开什么重要的会议。海里凶猛的鱼类当然不肯放过这满地的美味佳肴，在疯狂的追捕和惊慌失措的

知识小链接

即使有些掉队的龙虾也会有“队长”处理，通常情况下，队长总是跟在队伍的最后面。如果前面领路的龙虾走不动了，队伍中会出现另一只龙虾来接替它，经过连续不停歇的长途跋涉，最后所有的龙虾都隐匿投身于海底，这支队伍才算画上一个圆满的句号。

❖ 龙虾

逃窜中，许多龙虾成了鱼类的美餐。鱼类在吃饱喝足之后陆续离开，海上气象万千，骤然海面就会刮起大风，狂风卷起巨浪，惊恐万分的龙虾等着这场风暴过去以后便开始了它们的行动。数以万计的龙虾排起了整齐有序的队伍，只见它们把自己长长的须角搭在另一只龙虾的肩上，然后前足紧紧抓着它的身体，接着第三只龙搭在第二只龙虾的肩上……就这样形成了一支整齐有序的队伍。后面的龙虾必须紧紧地跟住队伍，否则就会掉队。这支队伍浩浩荡荡地方前进，有趣的是每当队伍路过龙虾的住所的时候，就会有新的成员加入到队伍中来，它们在途中也会发现有同样前进的队伍，这时候它们就会把部队合并到一起，然后继续浩浩荡荡向着海水深处前进……根据观察发现，它们一晚上竟然可以达到 12 千米，也许在队伍刚刚开始的时候，会发生脱节现象，可是越往深海走，队伍越紧密。

在这片广阔的海域，龙虾们是通过什么传递聚会的信号？它们是为了什么目的长途跋涉，不辞辛劳地投身于大海深处？它们还有归期吗？千百年来，龙虾诡异的行踪一直困惑着人们。

❖ 龙虾

第五章

跟着动物学本事

在自然界中到处都是危机四伏，这些危险有的来自自然，有的来自生物本身的自相残杀。或许前一分钟艳阳高照，顷刻间就会山崩地裂、狂风大作，为了能够更好地适应自然，在大自然中生存的动植物都练成了“独门绝技”：自动降温、分身术……

人类虽然是自然界的主宰，可是对动物那些五花八门的本领望尘莫及。那么人类应该怎么借鉴动物们那些高超的绝技呢？人类应该向动物们学习什么呢？

Part5 第五章

"五花八门"的气象预测

在浩瀚的宇宙里，各种物种相互交替，生生不息。然而在所有的物种交替的背后都离不开一个主要的因素——气象。

有人说生物是"活的晴雨计"，知道是为什么吗？可以说气象能主宰一个物种的盛衰荣辱，在风雨莫测的自然界里，如果提前知道了阴晴冷暖，就可以合理地安排生产、生活、出行、娱乐等，很多灾害也是可以避免的。那么人类是怎么掌控气象的呢？自然界中有很多生物为了适应环境的变化，在长期的进化过程中，形成了一种对天气变化特别敏感的反应能力，它们对于不同的天气可以做出不同的反应，早期的人们就是通过掌握生物的这种规律而提前预知气象的。让我们来看一下生物对气象是怎样做出反应的吧！

知识小链接

娄元礼在元朝末年撰写了《田农五行》，在书中几乎包罗了天下所有的天气谚语，详细地记载了人类用鸟、鱼、虫、兽、花、草、树林等来预测天气，这些谚语有很强的科学性，至今被人们广为流传。

草木是怎么传递气象信息的？姹紫嫣红的植物，它们对于气象特别敏感，它们通过自己奇特的方式向人们传递着气象的信息。比如芦苇，它们主要生长在湖荡地区。可是你们知道吗？芦苇是人类最好的

芦苇

“气象员”，如果在炎热的夏季，人们发现芦苇的心尖慢慢出现枯萎、发黄，那是向人们诉说大雨即将降临；如果芦苇的背面出现许多小虫子的时候，那是阴雨天的预兆。芦苇预报气象的方式是不是很奇特啊？

蜜蜂

昆虫是怎么传递气象信息的？许多昆虫在长期的进化中形成了对气象特别敏感的功能，每当在气候异常的时候它们便会出现不同的表达方式。比如人们常见的蜜蜂，蜜蜂如果早起晚归那说明第二天一定是个好天气，如果蜜蜂迟迟不愿离巢，或者即便出去也会很早回去，那说明马上就要有阴雨；如果在细雨霏霏的时候蜜蜂依然出去采蜜，那说明马上就会晴天。在自然界中，蜘蛛结网预示晴天，蜻蜓低飞预示着一场大雨就要来临。

自然界中对气象最敏感的要属青蛙了，每当大雨来临之前，青蛙会跳到芦苇和荷叶上，隐匿在水底或者钻进一些植物的叶片下面躲避。如果青蛙在晚上的叫声特别响亮，那第二天一定是晴天。青蛙对于气候冷暖也特别敏感，在气候即将转凉的时候，青蛙会向人发出警告，鸣叫的声音会变得很短促。因此人们说青蛙是最全面的“气象员”。

人们也可以根据饲养的家畜观察到气象变幻的信息。虽然经过几千万年的饲养，如今的狗、猪、鸡等动物已经逐渐脱离了野性，可是它们对气象变幻的敏感仿佛是与生俱来的。比如，狗在天气变化之前会用前爪不停地刨坑，如果刨的坑越深说明雨下得越大。猪在刮大风之前，会在圈里上蹿下跳、焦灼不安；在冷空气即

蜻蜓

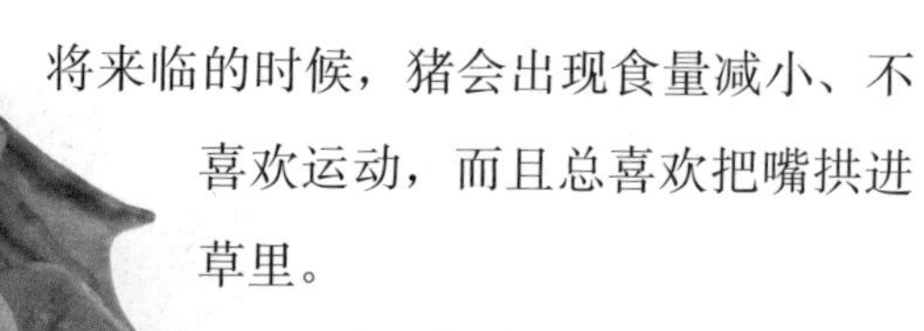

将来临的时候，猪会出现食量减小、不喜欢运动，而且总喜欢把嘴拱进草里。

青蛙

千万年来，自然界里的生物在和自然的搏斗中，对于气象积累了各自不同的反应方式。虽然它们不能通过语言向人们表达出来，可是人们在长期的生产生活中，对生物独特的反应方式也有了一定的了解，并且做了一定的积累，千百年来，口口相传，比如“枣发芽，种棉花”“雁飞过，赶快播”“蜻蜓飞得低，出门带蓑衣”“蚂蟥上下翻，大雨纵横流”“早莺叫晴，暮莺叫雨”“乌龟背冒汗，出门带雨伞”“甲鱼晒影，天气转阴”“鸡宿迟，雨淋淋”“牛群暴躁，风雨来到”……这些谚语科学且生动形象，是人们生产生活以及出行的“百宝箱”。

据说我国古代人民在两千多年前就对地球上四季变化、天气变暖以及物候征兆等有了一定的了解。《荆楚岁时记》最早出于南朝，从那时候起就开始记载梅花、终楝花，有 24 番花信风之说。接着又总结出了“一九二九不出手、三九四九冰上走……”

狗

Part5 第五章

不排汗，会生病的！

大家都知道人类是通过排汗来保持体温的，可是你们知道自然界中的动植物是怎么保持体温的吗？

正常的体温是自然界中所有的生物维持生命的基本保障，我们首先看一下人类是怎么保持体温的。通常情况下引起人们体温异常的因素是感冒发烧，如果人们高烧不退就会危及生命，这时候人们会喝很多水，然后通过发汗来给身体降温。那么自然界中的动植物是怎么给自己降温的呢？

在自然界里，炎热的天气是引起动物体温升高的主要因素。

动物们降温的方法也不相同：袋鼠它们通过舔自己的体毛，用唾液蒸发把身体里的热量带走。大象利用身体的优势降温，主要通过蒲扇一样的大耳朵和长鼻子将身体热量散出去。长颈鹿和大象的降温方式差不多，有着得天独厚的优势，细长的脖子是它们最好的散热器。狗是自然界中最怕热的动物之一，通常情况下，它们的体温不会超过39℃，如果体温超过40℃以上，它们的生理机能就会受到严重损伤。如果气温超过它们

长颈鹿

知识小链接

你们知道造成农作物生病的原因是什么呢？根据科学家研究发现，植物生病通常从根部引起的，因为如果根部出现问题就会影响植物吸收养分，如果植物长时间得不到水的输入就会因干渴发烧。另外，人们还发现，有病的植物的叶子会比健康的植物的叶子温度高出三四摄氏度。因此如果要想让农作物健康茁壮地成长，就需要人们密切注意观察动植物的体温变化。

绿色植物

身体的承受能力，它们会在半小时内死亡。因此狗对高温有天生的恐惧感，那么在炎热的季节，狗是怎么给自己降温的呢？我们在夏季经常会看到狗懒懒地趴在地上，舌头总是伸得很长，你们知道这是为什么吗？原来狗的散热器是在舌头上，它们伸长舌头是在为自己的身体散热呢！

自然界中植物也有自己的散热方式。在炎热的季节，我们经常会发现一些植物的叶子渗出亮晶晶的小水滴。这其实就是植物的汗液。这些水滴是怎样形成的呢？白天的时候，植物要进行光合作用，这样叶子表面的气孔就要张开，它们既要进行气体交换又要不断把多余的水分蒸发出去。而在晚上的时候，气孔就会关闭。这时候植物的根部继续摄取水分，从而植物体内的水分越积越多，那些多余的水分就会从植物的一些废弃的气孔中排出去，植物学家又把植物这种现象称为“吐水”。

另外植物身上还有一种特殊的“汗腺”，植株主要用它来排放身体内多余的水分。通常情况下，植物排放“汗液”都是在夜晚或者阴凉的天气下进行，每一种植物所排出的汗液数量也有所不同。根据科学家们观察发现，芋头排放汗液的数量比普通植物都要多得多，有人测算它一晚上可以排放150滴的“汗水”，一些老叶片一晚上能排放将近200滴汗液。相比之下，水稻、小麦等植物排放的汗液少一些。应该说植物这种排放汗液的方式和动物用散热器为自己降温的目的都是一样的，都是为了维持正常的体温，

大象

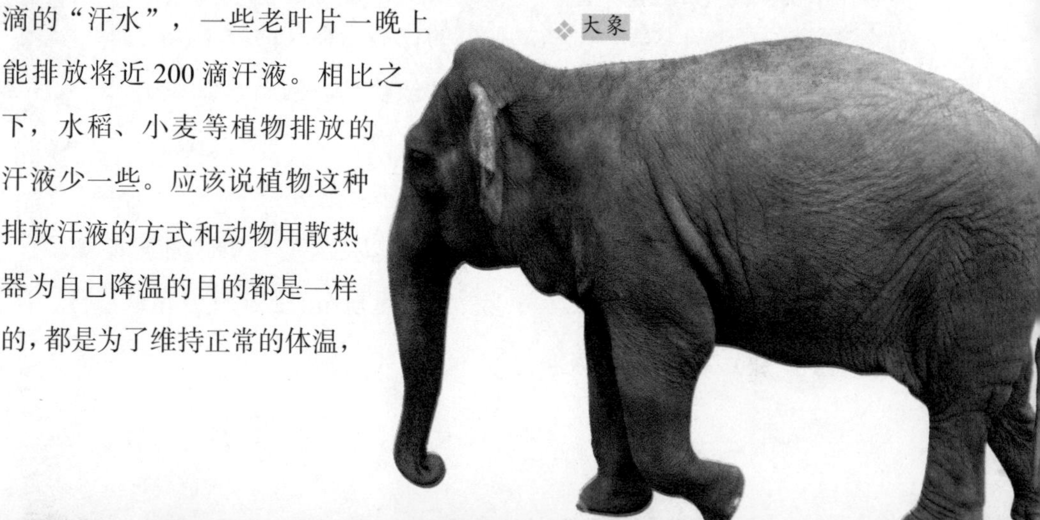

为了在自然界里更好地生存下去。

科学家由此受到启发，经过潜心研究，研制出一种新型的出汗材料。这种材料的原料主要是陶瓷，另外科学家在制作过程中，在陶瓷里加进了一些金属。当遇到高温的时候，陶瓷内的金属会在熔化中蒸发，尽管陶瓷会“出一些汗”，可是却保障了陶瓷本身不会受到伤害。这种神奇的新型材料被广泛用于航天器里，这样航天器不但可以保持外观不受到伤害而且还能减少航天器与大气的摩擦呢！

❖ 绿色植物

也许，自然界中的动植物出汗仅仅是一种维持生命的本能，但是它们给人类的科研做出的贡献却是巨大的。

Part5 第五章

奇特的找水方式

俗话说"水是万物之源"，这句话足以说明了水对生命的重要性，你们知道自然界里的动物是怎么寻找水源的吗？

熊猫喝水

根据科学家们研究发现，人们如果不吃食物生命可以维持三周，但是如果不喝水生命仅仅可以维持三天。从古至今，人类都深深明白水源的重要性，在古代人们行军打仗的时候，安营扎寨首先要选一个距离水源近的地方。水源不仅仅对于人，在大自然中生存的所有的动植物都离不开水，每个物种都有不同的寻找水源的方式，这些奇特的方式给了人们无限的启示，让我们来看一下吧！

大象喝水

自然界中梅花鹿、山羊等食草类动物，为了避开炎炎夏日的痛苦，它们会不辞辛劳，

斑马喝水

长途跋涉，在途中它们身体需要补充大量的水分，因此一些探险家或者旅行家等只要跟着它们走，一定会找到甘甜可口的水源。

天空中翱翔的飞鸟，飞累的时候它们会寻找水源止渴，有经验的人们只要稍微注意它们的举动就可以找到新的水源。它们在寻找水源的时候会飞得很低，而且左顾右盼。如果它们欢呼雀跃，在树上相互嬉闹，那说明它们已经饮足了水。

在所有的鸟类中，给人类提供最重要的水源信号的是候鸟。大家都知道，每年隆冬来临之前，候鸟们都纷纷跑到南方过冬，而在春暖花开的时候，它们又纷纷飞回来，每年它们都要飞行数千千米的路程。它们在途中要不断地觅食、饮水补充体力，于是在千百年的风雨历程中它们积累了许多寻找水源的经验。后来这些宝贵的经验被人们发现并利用了，在很早以前我国劳动人民就依靠候鸟来寻找和开发水源，这些经验一直延续到今天。

你知道人们是怎么利用候鸟寻找水源的吗？燕子是众多候鸟中的一种，它们不仅仅能发现地表上的水源，而且还善于发现地下水。它们在飞行途中如果发现有水源或者有地下水的地方，通常情况下会习惯用羽毛插在上面当标记。

知识小链接

当然在自然界里，也不是任何动物都可以向人们传递水源信号的。因为有的动物可以从食物中摄入充足的水分，它们身体是不需要补充水分的。比如隼、鹰以及其他肉食性鸟类，如果跟着它们是没有什么收获的。还有许多爬行动物，可以在植物中吮吸露水，即便是不喝水，生命也会维持下去的。因此人们不要误以为所有的肉食动物停下来休息，都在暗示附近会有水域。

人们在寻找水源的时候只要顺着燕子飞行的路线，在插有羽毛的地方开挖，绝对就会挖出一口水源丰富的井。因此燕子被人们亲切地称为“寻找地下水的向导”。

在奇妙的昆虫世界，也有一些爱的小精灵充当了人们寻找水源的好向导呢！比如小蜜蜂就被人们称为“寻找水源的高手”，因为整天辛苦的忙碌和酿蜜，蜜蜂们的生命是一刻也离不开水的，人们只要顺着蜜蜂的飞行路线，在找到蜂巢或蜂房后，方圆6500米之内就一定能找到水源。还有蚂蚁，如果人们在看到蚂蚁成群结队地向着一棵大树挺进，那说明树底下肯定有丰富的地下水源，即便是在荒漠地区人们也一定会挖出丰富的水源。

在大自然中，一些庞大的动物更是人们寻找水源的好帮手，它们对水源有一种与生俱来的敏感。在一望无际的沙漠，人们跟着骆驼一定会找到一片绿洲。当然大自然中可以给人们传递水源信息的动物数不胜数，只要细心地观察一定会有收获。

Part5 第五章

五花八门的“分身术”

说到分身术，大家一定会想到《西游记》里会七十二变的孙悟空，你们知道吗？其实在自然界里这种功夫是司空见惯的。

蝴蝶

大家都知道自然界里险象环生，一些竞争力弱的动物，一不小心就会性命不保。为了更好地生存和保护自己，很多动物根据自己的身体特征发明了“独门绝技”：蝴蝶为了迷惑敌人的追击，全身披上了可以与大自然融为一体的“花衣服”；黄鼠狼在遇到敌人的时候便会使出化学武器，对着敌人喷发毒气，自己乘机逃之夭夭；还有乌贼的“烟雾弹”……总之，林林总总，五花八门的防身术让敌人防不胜防。可是你们知道吗？这些还不是最厉害的，动物们最厉害的功夫就是神话传说中的“分身术”。让我们来认识一下这些神奇的分身术吧！

在动物们五花八门的分身术之中，最耀眼的要数章鱼的功夫。章鱼又被人们称为八爪鱼，它们主要依靠头上的八只触手来探测周围的环境，同时八只触手还是章鱼用来抵御和进攻敌人的武器呢！章鱼捕食的手法很有趣，它们会先埋伏在一个洞穴内，静静地等待着猎物的

蝴蝶

出现，当蟹、蛤、龙虾、鲍鱼等目标出现在埋伏圈中的时候，狡猾的章鱼会出其不意地从洞内伸出触手将猎物紧紧抓住。章鱼抓到猎物后并不急着吃掉，而是先用尖尖的嘴把猎物咬住，然后将唾液中的毒素渗入到猎物的体内，中毒后的猎物就会停止挣扎，章鱼开始慢慢享用它的美餐。

不过章鱼捕食有时候也会出现意外，有一些比较强悍的猎物自然不甘心做章鱼的美餐，于是它们在被抓住后就会垂死反抗，有的猎物会死死地咬住章鱼的一只触手，这时候章鱼便会使出弃车保帅的方法逃脱，只见它触手上的肌肉急剧地收缩着，当力量到了一定的程度以后，被敌人抓住的触手就会断开，那段断开的触手在离开章鱼身体后还会扭来扭曲，而且还可以慢慢爬动，这时候敌人就会猛地再次扑向断了的触手，章鱼趁机逃之夭夭。科学家研究发现，通常情况下，章鱼的触手会断开五分之四，伤口断开后由于血管剧烈收缩，因此不会有血液流出，大概在几小时以后血管会恢复正常运动。十几天以后，在章鱼触手的断开处会重新长出一个新的触手，不过长度只有以前的三分之二。

在海洋动物中除了章鱼外，海洋的大将军螃蟹也会使用分身术。螃蟹身体的两侧长着五对张牙舞爪的大长腿，它们走路的样子是横着的，因此得名“横行将军”。在螃蟹的五对大腿中，最威武的是螯足，螯足的末端仿佛一对大钳子，无论多么坚固的贝壳都会被它们夹个粉碎。因此敌人在攻击螃蟹的时候一般会绕过螯足，从力量薄弱的步足下手。通常情况下，螃蟹在步足被捉到的时候，它们会使劲挣扎，最终仅仅将步足留在敌人的手中。不过你们可不要担心螃蟹会留下终身的残疾哦！因为螃蟹有分身术的，它们的步足断掉后不久

❖ 螃蟹

知识小链接

大家听过小壁虎找尾巴的故事吧？分身术不仅仅是海洋动物的专利，在众多的陆地爬行动物之中，堪称“分身大王”。蜥蜴在遇到危险的时候，蜥蜴为了吸引敌人的注意力，会自动把尾巴脱掉，然后找机会逃之夭夭。用不了多少时间，蜥蜴又会长出新的尾巴。

还会长出新的，生活一点儿也不受影响。和螃蟹分身术雷同的还有海星，海星被敌人抓住腕足以后也会挣扎着断足逃离，不过海星的后长出来的腕足会比以前的腕足小很多。

动物的分身术带给人们什么启示呢？根据科学家们研究发现，很多动物的细胞在受到伤害后，会自动释放一种可以再生的物质，这就是“再生刺激素”，这些物质使动物的肢体很快得以复原。科学家们根据动物的再生刺激素，研制出了一套可以刺激人体肢体再生的方法，这在医学界不得不说是一个奇迹。比如在美国一个小朋友，因为意外把手指切掉一段，就是运用这种刺激肢体再生的办法，又开始重新长出了新的手指。这种方法在未来还会得到更为广泛的利用，这也是全世界肢体残疾人所期待的。

海星

Part5 第五章

"小星星"带来的启示

大自然仿佛一个鬼斧神工的艺术家，将我们生存的世界打造得五彩缤纷，人们通常喜欢用照相机来记录那些美丽的瞬间，可是你们知道那些高级的照相仪器是怎么制造出来的吗？

你们知道昆虫眼睛里的秘密吗？人们常说"眼睛是心灵的窗户"，可以通过这扇"窗户"来相互传递喜怒哀乐。可是自然界中的昆虫却没有这么幸运，因为它们长着很多复眼。蜻蜓是人们在生活中常见的昆虫之一，它们的眼睛特别发达，主要是因为在眼睛里面又长了许多小眼睛，这些数量繁多的小眼睛呈六角形，最多的可达28000只，最小的也有10000多只。在昆虫中复眼最少的要说是地下蚁，它们仅仅有6个复眼。昆虫的这些复眼在显微镜下，仿佛是许多美丽的六角形图案，它们排列得那么恰到好处，既看不出拥挤，也看不出有距离。根据科学家研究发现，昆虫的这些小眼睛中的视觉细胞都很发达，每一只小眼都有各自的分工。夏天的时候，翩翩飞舞的蜻蜓常常因引起人们的喜爱，人们抑制不住捕捉它们的欲望，可是不论从哪个角度都无法抓到，这就是因为蜻蜓的复眼特别发达，可以从不同角度看到人们的身影。

说起苍蝇很多人都有拍死它的欲望，可是你们知道吗？苍蝇对人类科研事业可是做过重要贡献的，让我们来了解一下苍蝇吧！苍

蜻蜓

照相机

蝇最引人注目的就是头顶一对巨大的复眼，是由4000多个小眼睛组成的。通常情况下苍蝇的眼睛是不能转动的，不过苍蝇有一个灵活的颈部，它可以轻松自如地转动，带动复眼巡视周围环境，其准确度是人类都无法相提并论的。苍蝇会将复眼所看到的东西在脑子里很快拼成一幅完整的图画，然后对自己与周围的物体的距离做出精确的判定，这样可以帮助它们寻觅食物。“蝇眼”照相机是一种比较先进的照相器材，它的镜头主要是由1329块很小的透镜拼接合成的，每次可以拍摄的照片达到1329张，而且拍出的照片分辨率特别高。人们通过这种照相器材对电子计算机精细的显微电路进行大量复制，可以很快查出电路问题，另外这种高科技照相设备还被人们用于邮票印刷的制版工作。它可以把几十张邮票同时制成在同一块版上，从而省去了繁杂的流程。你们知道吗？这种高级的照相设备就是根据苍蝇的眼睛研制完成的。蝇眼还能帮助人类对立体电视的显示系统做出了更新，因为立体电视在制作初期存在很多缺陷，如果人站在电视旁边看，就看不到立体的效果。后来科研人员在蝇眼的启示下，研制出了一种复合透镜阵列，这样人类无论从哪个角度看立

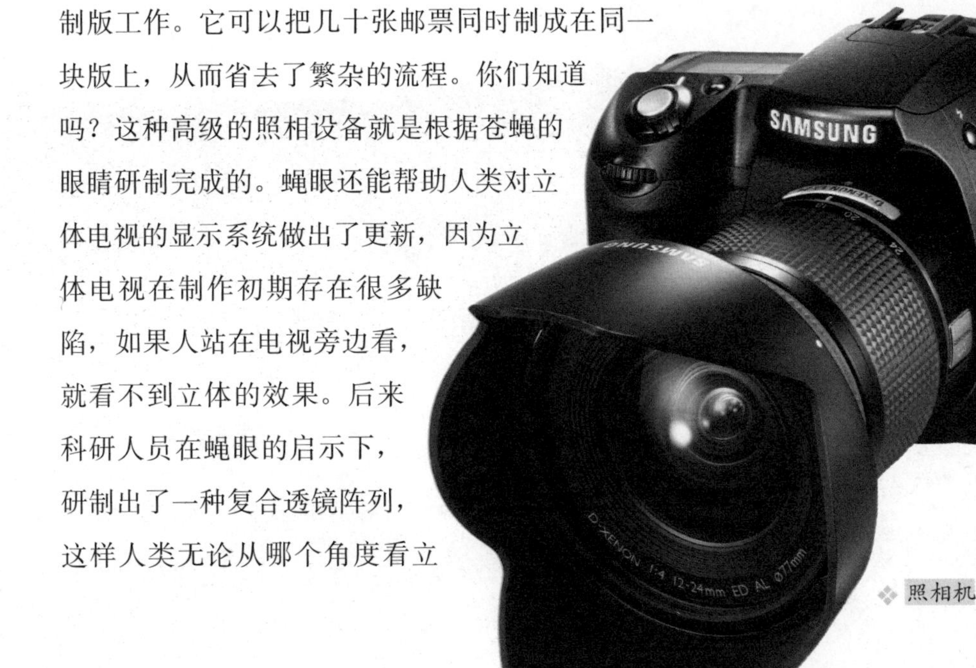

照相机

知识小链接

在夏天晚上乘凉的时候，人们会经常发现许多“小星星”，这些就是会发光的萤火虫。人们在萤火虫的启示下，根据萤火虫的小眼排列方法制造成了一种新型的发明——复眼透镜。目前，这些复眼透镜被广泛应用于一些技术系统中，比如记录立体信息、激光制导等。

体电视，出现的效果都是立体的了。

综上所述可以看出，人们在昆虫这些“心灵的小窗口”里得到了很多的启示。通过仿生学研发的多功能照相机如今已经被广泛到各个领域，比如工业、卫生、航天、军事等。

自然界就是这么的神奇，平时看似让人生厌的生物，人们也能在它们身上找到优点，并将这些优点改造吸收，应用在各个领域，为人类的生活创造便利，这就是生物仿生学的力量。相信在今后的研究中，昆虫界的秘密会被科学家们一一破解，我们也会在昆虫家族这位“老师”身上学到更多有用的东西。

Part5 第五章

伟大的"天才的建筑师"

"一只小蜜蜂呀，飞到花丛中呀，飞呀，飞呀……"辛勤的蜜蜂给人们酿制出了香甜的蜂蜜，可是为什么蜜蜂又被人们称作"天才的建筑师"呢？

蜜蜂的巢穴

蜜蜂的蜂巢不仅设施功能齐全，而且还是一个巧夺天工的建筑物呢！你们知道吗？这个精美建筑物的施工者竟然是一群工蜂。工蜂在出生十多天以后，腹部就分泌出一种特殊的物质——蜂蜡，而蜂蜡就是建筑蜂巢的主要原料。人类在对蜜蜂长期的观察中发现，蜜蜂有着超强的建筑天赋，你知道谁是第一个发现蜜蜂这种天赋的人吗？

根据科学家们研究发现，蜜蜂家族的历史已经有3500万年以上，可是人类真正开始关注蜜蜂才不过几百年。世界上第一个关注这个小精灵的是法国的学者马拉尔奇，他是在对昆虫的研究中无意发现了蜜蜂在建筑上的天赋。马拉尔奇发现蜜蜂有着特别强的数学天赋，它们在建筑自己巢穴的时候，运用数据的精确度令许多数学家都叹为观止，这么精确的数据足以说明蜜蜂真的是自然界中"天才的数学家兼设计师"。另外，人们从蜜蜂蜂巢的启示中还发明了效果很好的隔热材料。如夹层结构有很好隔热和隔音性能的空心的蜂窝。

马拉尔奇这个惊人的发现一时引起了全世界科学家的注意。蜜蜂的蜂巢

知识小链接

人类受到蜜蜂建筑蜂巢的启示，研制出了很好的耐高温的材料，这些材料主要原料是石棉或陶瓷。经试验，这些防火材料不但轻便耐用，在1000℃高温时依然保持不变形。目前，这些蜂窝结构的建筑材料已经被广泛地应用在火箭、坦克、飞机、人造卫星及其他建筑结构上，这种材料被人们称作“蜂窝建筑”。

给人们带来了很多的启示，另外后来在解剖一些海鸟的尸体的时候，生物学家又发现了这些海鸟的身体构造也是呈六角珠状体，这个和蜜蜂的巢穴很相似。这个发现解开了为什么海鸟会轻松越过辽阔海域的秘密。于是，科研人员通过蜜蜂蜂巢和海鸟身体构造的原理，对飞机的机身和机翼做了一些改动，果然在很大程度上提高了飞行速度，而且还节省了能源，同时也降低了飞机的噪音。

蜂巢的原料除了工蜂自己分泌的蜂蜡外，还有许多的物质，如树脂、油脂、色素、鞣质、糖类、有机酸、脂肪酸、酶和昆虫激素等。科学家们在蜂巢上发现了丰富的激素和维生素，这些物质对调节人体内分泌和滋补身体有特别好的效果。另外，蜂巢还有很好的药用价值，在临床上治疗肝炎、鼻炎和风湿性关节炎等疾病有显著的疗效。有人用蜂巢的浸液做了实验，结果证明这些浸液可以用来抑制葡萄球菌、绿脓杆菌、大肠杆菌、痢疾杆菌、伤寒杆菌和普通变形杆菌等。总之，蜜蜂对人类的贡献是数不胜数的，蜂蜜、蜂王浆更是老人和儿童以及病人最佳的滋补佳品。因此，在生活中，我们不要伤害这些人类的好朋友。

蜜蜂的巢穴

Part5 第五章

会织网的“麻醉大师”

提起蜘蛛大家一定会想起美国大片里那个会飞檐走壁的“蜘蛛侠”，今天我们说的蜘蛛是人们生活中常见的一种昆虫，不过它的功夫也是很厉害的！

蜘蛛

“小蜘蛛能吃苦，网子破了自己补，补得快来补得好，苍蝇蚊子跑不掉”。这首儿歌形象地说明了蜘蛛的勤劳。在自然界里，不管是肉食动物还是食草动物，它们捕食的方法各不相同，享受美餐的方式也是各不相同，你们知道自然界里吃相最优雅的生物是谁吗？它就是蜘蛛。根据科学家观察发现，蜘蛛不但是近视眼，而且没有听力，因此养成了它们奇特的捕食方法。蜘蛛主要依靠自己辛苦编织的网来等待猎物主动送上门，当发现猎物被粘住后，蜘蛛就会马上上前对猎物实行“麻醉手术”。那么蜘蛛是用什么方法对猎物注射麻醉剂的呢？

知识小链接

“催眠剂”就是科学家通过对蜘蛛毒汁成分的研究而研制的。和普通催眠药物不同的是，这种催眠剂对人体没有任何副作用。

蜘蛛的天罗地网，仿佛一个八卦阵，不论是蚊、蝇和其他小飞虫，还是一些体积大于它很多的稻飞虱、叶蝉等都会无一例外地落入它的网中，蜘蛛通过螯来向昆

蜘蛛

虫们注射麻醉剂的，等到猎物被麻醉以后，蜘蛛会上前优雅地享用它的美餐。

第一个发现蜘蛛会使用麻醉剂的是英国的化学家，他们无意在一只毒蜘蛛的身上发现了这种毒汁，后来经过试验发现，蜘蛛体内的这种毒汁其实是一种浓度很高的麻醉剂。虽然它会导致猎物沉睡，可是对生命不构成危险。另外蜘蛛对猎物注射麻醉剂还有一个目的，因为热带的温度很高，猎物容易腐烂变质，而被注射的麻醉剂可以起到保鲜的作用。

Part5 第五章

发电鱼的秘密是什么呢?

在海洋中有一些鱼，它们有一种与生俱来的本领，就是靠自身发电，它们体内的电不但可以点灯还可以击退海洋中的庞大大物……

电鱼和电鳗就是可以发电的鱼，平时生活在温带的海洋里，它们发电能量的大小主要取决于它们身体的大小。通常情况下，刚出生的小鱼的发电能力会很弱，它们发出的电仅仅可以勉强点亮一只小不点的手电筒，而且亮光持续时间很短。发电量最大的还是成熟后的电鱼，它们身体内会发出强大的电流，据说如果人类在不小心触及了它们的电流也会死于非命。有人做了一个实验，用电鱼发出的电带动一个小型电动机，结果电动机真的动了，尽管只持续了几分钟。但是足以说明电鱼的电流威力了。

电鱼发电的原理是什么呢？科学家研究发现，在电鱼的头部两侧有一个和蜂巢很相似的器官，这个奇怪的器官里面除了一些胶质物质外，还有一系列的发电片，这些发电片的形状是扁状的，而且有许多的神经均匀分布在每个发电片上。根据科学家们估计，这些神经可能与电鱼大脑里的一根中枢神经连在一起，电流的走向是从器官的正极慢慢流入负极，因此通常情况下，只有在触及了电鱼身体的两边才会被击倒。

鳝鱼

相比而言，鳝鱼的发电本领要比电鱼大一些。鳝鱼的电流走向和电鱼有所不同，它主要是纵向流

知识小链接

在险象环生的海洋中，鳗鱼用来保护自己的武器除了放电，它还有一个特别厉害的本领呢！鳗鱼的尾部还有一个仿佛雷达的发射机一样的“电眼”，它的主要作用是可以无线电定位，可以帮助鳗鱼寻找食物或者及时发现危险。在目标出现以后，鳗鱼会迅速地把尾针对准目标，直接将目标击毙。

动，也就是鳝鱼的电流是从鱼头至鱼尾，通过脊椎慢慢传送到身体的各条神经。那么鳝鱼是通过什么器官来发电的呢？原来鳝鱼的发电器官是身体内的一组肌肉，这组肌肉由于长期受到电流的刺激，经常会出现麻木，因此鳝鱼虽然发电的能量比较大，但是维持时间没有电鱼长。

鳗鱼是海洋中发电能力最强的鱼。大家都知道抹香鲸是海洋中的庞然大物，如果论体重和身高，鳗鱼和抹香鲸是不能相提并论的，可是据说庞大的抹香鲸竟然会在鳗鱼的电击之下死于非命。这不得不说是一个奇迹了。那么鳗鱼究竟可以产生多大能量的电流呢？科学家们对鳗鱼做了研究发现，一只成熟后的鳗鱼的发电量的数据真的是令人叹为观止。一只鳗鱼一次可放出 500 伏特电压、200 多安培电流，功率能够达到 100 千瓦，难怪抹香鲸会死于非命呢！根据科学家们的这种说法，无论多么强大的海洋动物，在鳗鱼的这种电量之下都是不可能幸免的。

大家在海洋中如果遇到鳗鱼一定要“敬而远之”哦！因为鳗鱼平均每克体重可以输出 1 瓦的功率，这样推算一只成熟的鳗鱼放出电量的功率是令人触目惊心的。

抹香鲸